教育部高职高专教育林业类专业
教学指导委员会规划教材

林业技术专业综合实训指导书

——森林培育技术

黄云鹏　主编

中国林业出版社

内 容 简 介

本实训教材分为综合实训方案、综合实训指导、综合实训案例3部分。综合实训方案包括森林培育各职业岗位群的职业要求、综合实训应达到的职业能力目标、综合实训内容与时间安排、综合实训条件配备要求、考核与评价；综合实训指导包括森林培育职业岗位群所覆盖的种子生产技术、植物组织培养技术、苗木生产技术、造林作业设计与施工、森林抚育间伐作业设计、森林主伐作业设计、生态公益林经营管理技术、营造林工程监理8个综合实训项目的全过程训练内容；综合实训案例包括杉木种子生产技术、杉木组培快繁技术、杉木育苗技术设计、日本落叶松育苗技术设计、南平市市郊林场杨真堂工区19大班1（4）小班造林作业设计、山西林业职业技术学院东山实验林场流家河工区4林班26小班造林作业设计、辽宁省海阳林场2008年抚育间伐作业设计、福建省建阳市范桥林场2006年伐区作业设计、福建省三明市三元区生态公益林经营措施方案、2007年福建省沿海防护林预算内投资项目营造林工程监理报告10个贴近生产、贴近工艺、贴近流程的生产实例和行业技术规程的名录，有较好的引导性。

本实训教材编写时突出了"实务、案例、流程、表现、技法"的要求，做到以社会需要为目标，以就业为导向，以能力为本位，依据森林培育生产工艺流程安排综合技能训练项目，同时根据国家制定的最新国家标准和行业标准为指导，体现高技能性，且每个技能项目在编写时制定了确实可行的考核评分标准，使实训教材充分体现应用性、职业性、先进性、创造性、适应性、直观性。

图书在版编目（CIP）数据

林业技术专业综合实训指导书. 森林培育技术/黄云鹏主编. —北京：中国林业出版社，2009（2024.8重印）
教育部高职高专教育林业类专业教学指导委员会规划教材
ISBN 978-7-5038-5427-9

Ⅰ. 林… Ⅱ. 黄… Ⅲ. 森林抚育-高等学校：技术学校-教材 Ⅳ. S7

中国版本图书馆CIP数据核字（2009）第022866号

中国林业出版社·教材建设与出版管理中心

责任编辑：肖基浒
电话：(010) 83143555　　　传真：83220109

出版发行	中国林业出版社（100009　北京市西城区德内大街刘海胡同7号） E-mail: jiaocaipublic@163.com　电话：(010) 83143120 https://www.cfph.net
经　销	新华书店
印　刷	北京中科印刷有限公司
版　次	2009年3月第1版
印　次	2024年8月第3次印刷
开　本	787mm×1092mm　1/16
印　张	15
字　数	374千字
定　价	38.00元

未经许可，不得以任何方式复制或抄袭本书之部分或全部内容。

版权所有　侵权必究

编写人员

主　　编　黄云鹏
副 主 编　黄云玲
编写人员　（按姓氏笔画排序）
　　　　　于海龙　辽宁林业职业技术学院
　　　　　牛焕琼　云南林业职业技术学院
　　　　　张金荣　山西林业职业技术学院
　　　　　陈剑勇　福建林业职业技术学院
　　　　　周俊新　福建林业职业技术学院
　　　　　范繁荣　福建三明林业学校林业调查设计院
　　　　　黄云鹏　福建林业职业技术学院
　　　　　黄云玲　福建林业职业技术学院
　　　　　雷庆锋　辽宁林业职业技术学院
主　　审　邹学忠　辽宁林业职业技术学院

前　言

为贯彻落实《国家林业局关于大力发展林业职业教育的意见》精神，根据教育部《关于全面提高高等职业教育教学质量的若干意见》（教高〔2006〕16号）和《关于加强高职高专教育教材建设的若干意见》（教高司〔2000〕19号）的精神，真正做到"以能力为本位，以就业为导向"，全面提高学生的职业素质和综合素质，满足职业能力与职业岗位对学生的要求而编制本教材。

根据高职林业技术专业人才培养指导方案中专业培养目标的要求，林业技术专业涵盖3个职业岗位群，即森林培育、森林调查规划和森林保护。森林培育职业岗位群覆盖良种繁育推广、种子生产经营、苗木生产经营、工程造林、森林经营、经济林栽培、林业生态工程规划设计、林业生态工程项目管理、营造林工程监理、伐区与集材作业设计等业务技术岗位，因此本实训教材依据森林培育生产工艺流程设计了种子生产技术、植物组织培养技术、苗木生产技术、造林作业设计与施工、森林抚育间伐作业设计、森林主伐作业设计、生态公益林经营管理技术、营造林工程监理8个综合实训项目，较全面覆盖了森林培育职业岗位群所应掌握的职业综合能力。本实训教材的相关理论知识和技能知识编写参考了林木种苗生产、森林营造、林业生态工程、森林经营等方面的书籍，林业类最新国家标准和行业标准，体现了高技能性，能够满足学生顶岗培训的需求。在内容上，既体现各个课程单项技能的综合应用，又是职业岗位的技术方法和标准的系统性训练；在形式上，图文并茂，易于学生学习掌握。

本书编写提纲和定稿由黄云鹏、黄云玲、周俊新共同完成。具体编写分工如下：实训1、案例1由周俊新执笔；实训2、案例2由陈剑勇执笔；综合实训课程方案、实训3、实训6、案例3、案例8由黄云玲执笔，并协助全书统稿；实训4、案例5、案例10由黄云鹏执笔，并负责全书统稿；实训5、案例7由于海龙执笔；实训7、案例9由范繁荣执笔；实训8由牛焕琼执笔；案例4由雷庆锋执笔；案例6由张金荣执笔。

本综合实训教材紧扣林业技术专业人才培养目标和人才培养要求，与森林培育所覆盖的职业岗位群职业综合能力相配套，做到贴近生产、贴近工艺、贴近流程，突出能力培养主线。课程结束后，学生将达到林木种苗工（高级）、造林更新工（高级）、营林试验工（高级）、抚育采伐工（高级）、营造林工程监理员（国家职业资格三级）、森林采伐和运输工程技术人员的职业技能水平，并通过林业行业职业资格考试获得相应的工种证书，实现"双证"融通教学，提高学生的综合职业能力。

承蒙辽宁林业职业技术学院邹学忠教授、国家林业局森防总站宋玉双教授级高工、国家林业局林业工作管理总站李近如教授级高工、福建林业职业技术学院李宝银教授级高工、广西生态工程职业技术学院刘代汉教授对书稿进行审阅，提出了许多宝贵意见，在此表示衷心感谢。由于在林业高职教育中将综合实训作为一门实践课程对待，并首次编写教材，在综合实训项目确定、综合实训内容和体例上尚属探索阶段，编著者也缺少经验，虽经反复修改，错误和疏漏之处在所难免，敬请各校在使用过程中提出宝贵意见。

编 者
2008.5

目 录

前 言

Ⅰ. 综合实训方案

一、森林培育各职业岗位群的职业要求 …………………………………………… (1)
二、综合实训应达到的职业能力目标 ……………………………………………… (4)
三、综合实训内容与时间安排 ……………………………………………………… (5)
四、综合实训条件配备要求 ………………………………………………………… (6)
五、考核与评价 ……………………………………………………………………… (7)

Ⅱ. 综合实训指导

实训 1　种子生产技术 ……………………………………………………………… (9)
　一、实训目的与要求 ……………………………………………………………… (9)
　二、实训条件配备要求 …………………………………………………………… (9)
　三、实训内容与时间安排 ………………………………………………………… (10)
　四、实训的组织与工作流程 ……………………………………………………… (10)
　五、实训步骤与方法 ……………………………………………………………… (11)
　六、实训结果与考核 ……………………………………………………………… (15)
　七、说明 …………………………………………………………………………… (16)

实训 2　植物组织培养技术 ……………………………………………………… (21)
　一、实训目的与要求 ……………………………………………………………… (21)
　二、实训条件配备要求 …………………………………………………………… (21)
　三、实训内容与时间安排 ………………………………………………………… (22)
　四、实训的组织与工作流程 ……………………………………………………… (22)
　五、实训步骤与方法 ……………………………………………………………… (23)
　六、实训结果与考核 ……………………………………………………………… (31)
　七、说明 …………………………………………………………………………… (32)

实训 3　苗木生产技术 …………………………………………………………… (33)
　一、实训目的及要求 ……………………………………………………………… (33)
　二、实训条件配备要求 …………………………………………………………… (33)
　三、实训内容与时间安排 ………………………………………………………… (33)

四、实训的组织与工作流程 …………………………………………… (34)
　　五、实训步骤与方法 …………………………………………………… (34)
　　六、实训结果与考核 …………………………………………………… (50)
　　七、说明 ………………………………………………………………… (51)
实训4　造林作业设计与施工 …………………………………………… (52)
　　一、实训目的及要求 …………………………………………………… (52)
　　二、实训条件配备要求 ………………………………………………… (52)
　　三、实训内容与时间安排 ……………………………………………… (52)
　　四、实训的组织与工作流程 …………………………………………… (53)
　　五、实训步骤与方法 …………………………………………………… (54)
　　六、实训结果与考核 …………………………………………………… (59)
　　七、说明 ………………………………………………………………… (59)
实训5　森林抚育间伐作业设计 ………………………………………… (65)
　　一、实训目的及要求 …………………………………………………… (65)
　　二、实训条件配备要求 ………………………………………………… (65)
　　三、实训内容与时间安排 ……………………………………………… (65)
　　四、实训的组织与工作流程 …………………………………………… (65)
　　五、实训步骤与方法 …………………………………………………… (66)
　　六、实训结果与考核 …………………………………………………… (76)
　　七、说明 ………………………………………………………………… (78)
实训6　森林主伐作业设计 ……………………………………………… (90)
　　一、实训目的及要求 …………………………………………………… (90)
　　二、实训条件配备要求 ………………………………………………… (90)
　　三、实训内容与时间安排 ……………………………………………… (90)
　　四、实训的组织与工作流程 …………………………………………… (91)
　　五、实训步骤与方法 …………………………………………………… (91)
　　六、实训结果与考核 …………………………………………………… (102)
　　七、说明 ………………………………………………………………… (103)
实训7　生态公益林经营管理技术 ……………………………………… (117)
　　一、实训目的与要求 …………………………………………………… (117)
　　二、实训条件配备要求 ………………………………………………… (117)
　　三、实训内容与时间安排 ……………………………………………… (117)
　　四、实训的组织与工作流程 …………………………………………… (118)
　　五、实训步骤与方法 …………………………………………………… (118)
　　六、实训结果与考核 …………………………………………………… (123)
　　七、说明 ………………………………………………………………… (124)
实训8　营造林工程监理 ………………………………………………… (125)
　　一、实训目的及要求 …………………………………………………… (125)
　　二、实训条件配备要求 ………………………………………………… (125)

三、实训内容与时间安排 ……………………………………………………………（125）
四、实训组织与工作流程 ……………………………………………………………（125）
五、实训步骤与方法 …………………………………………………………………（126）
六、实训结果与考核 …………………………………………………………………（129）
七、说明 ………………………………………………………………………………（129）

Ⅲ. 综合实训案例

案例 1　杉木种子生产技术 …………………………………………………………（134）
　　一、实训目的与要求 …………………………………………………………………（134）
　　二、实训仪器配备要求 ………………………………………………………………（134）
　　三、实训步骤 …………………………………………………………………………（134）
案例 2　杉木组培快繁综合实训 ……………………………………………………（137）
　　一、实训目的及要求 …………………………………………………………………（137）
　　二、实训仪器配备要求 ………………………………………………………………（137）
　　三、实训步骤 …………………………………………………………………………（137）
案例 3　杉木育苗技术设计 …………………………………………………………（140）
　　一、经营条件 …………………………………………………………………………（140）
　　二、自然条件 …………………………………………………………………………（140）
　　三、技术设计 …………………………………………………………………………（141）
案例 4　日本落叶松育苗技术设计 …………………………………………………（148）
　　一、自然条件 …………………………………………………………………………（148）
　　二、经营条件 …………………………………………………………………………（149）
　　三、育苗设计目标 ……………………………………………………………………（149）
　　四、育苗生产规划 ……………………………………………………………………（149）
　　五、育苗技术设计 ……………………………………………………………………（152）
案例 5　南平市市郊林场杨真堂工区 19 大班 1（4）小班造林作业设计 …………（157）
　　一、实训目的及要求 …………………………………………………………………（157）
　　二、实训仪器配备要求 ………………………………………………………………（157）
　　三、实训步骤 …………………………………………………………………………（157）
案例 6　山西林业职业技术学院东山实验林场流家河工区 4 林班 26 小班造林
　　　　作业设计 ……………………………………………………………………（168）
　　一、实训目的及要求 …………………………………………………………………（168）
　　二、实训仪器配备要求 ………………………………………………………………（168）
　　三、实训步骤 …………………………………………………………………………（168）
案例 7　辽宁省海阳林场 2008 年抚育间伐作业设计 ……………………………（181）
　　一、海阳林场基本情况 ………………………………………………………………（181）
　　二、作业设计执行标准 ………………………………………………………………（181）
　　三、作业设计情况 ……………………………………………………………………（182）

四、技术要求 …………………………………………………………………… (182)
　　五、作业设施设计 ………………………………………………………………… (183)
　　六、收支概算 ……………………………………………………………………… (183)

案例8　福建省建阳市范桥林场2006年伐区作业设计 ……………………………… (197)
　　一、实训目的及要求 ……………………………………………………………… (197)
　　二、实训仪器配备要求 …………………………………………………………… (197)
　　三、实训步骤 ……………………………………………………………………… (197)

案例9　福建省三明市三元区生态公益林经营措施方案 …………………………… (209)
　　一、三元区生态公益林经营现状 ………………………………………………… (209)
　　二、生态公益林经营总体评价 …………………………………………………… (210)
　　三、生态公益林经营指导思想 …………………………………………………… (211)
　　四、生态公益林经营措施制定原则 ……………………………………………… (211)
　　五、三元区生态公益林经营技术措施 …………………………………………… (211)
　　六、三元区生态公益林经营管理措施 …………………………………………… (215)
　　七、附表（略） …………………………………………………………………… (216)
　　八、附图（略） …………………………………………………………………… (216)

案例10　2007年福建省沿海防护林预算内投资项目营造林工程监理报告 ………… (217)
　　一、基本做法 ……………………………………………………………………… (217)
　　二、2005年度防护林国债营造林工程建设终验结果 …………………………… (217)
　　三、2006年度防护林预算内投资项目营造林工程初验结果 …………………… (218)
　　四、主要经验与存在问题 ………………………………………………………… (219)
　　五、几点建议 ……………………………………………………………………… (221)

参考文献 ………………………………………………………………………………… (229)

附录　规程和标准名称 ………………………………………………………………… (230)

Ⅰ. 综合实训方案

一、森林培育各职业岗位群的职业要求

森林培育职业岗位群是森林培育类职业岗位中从事林木良种繁育推广、种子生产经营、苗木生产经营、工程造林、森林经营等职业岗位，按林业技术专业培养目标，应包括高级林业种苗工、造林更新工、抚育采伐工，达到国家职业资格三级的营造林工程监理员，达到中级或以上的营林试验工，林业生态环境工程技术人员，森林采伐和运输工程技术人员等。

（一）各职业岗位的政治素质和道德要求

①认真学习建设有中国特色的社会主义理论和科学发展观，坚持党的基本路线，热爱社会主义祖国，遵纪守法，团结友善。
②热爱自然，积极培育保护森林，自觉维护生态环境和国土生态安全。
③秉公事林，艰苦奋斗，热爱本职工作，献身林业事业。
④勤奋学习，钻研业务，尊重科学，规范管理，按客观规律办事。

（二）林木良种繁育推广业务技术人员岗位职责与专业知识能力要求

1. 岗位职责

①在本专业技术人员指导下，贯彻执行国家、地方政府及上级主管部门有关政策和法规，负责林木良种繁育推广的日常技术工作。
②负责收集有关技术资料，填写良种繁育技术档案，解决工作中一般技术问题。
③参与本地区林木良种繁育生产和推广项目计划、年度计划、长远规划的制定。

2. 专业知识要求

①了解林业技术专业基础知识和专业知识。
②熟悉国家及上级林业主管部门林木种子的有关政策、法律、法规及标准。
③熟悉林木良种繁育及推广的业务开发和操作技术。

3. 工作能力要求

①能正确理解国家及上级林业主管部门有关林业和林木种子的政策和法规。
②能收集有关技术资料，填写技术档案，解决工作中的一般技术问题。
③具有指导本专业技术工人业务技术的能力。
④具有一定的口语表达能力、团队协作能力、分析解决问题能力。

（三）种子生产经营业务技术人员岗位职责与专业知识能力要求

1. 岗位职责

①在上级主管部门领导下，贯彻执行有关政策和法规，负责林木种子生产经营的日常技术工作。

②负责收集有关技术资料，正确填写林木种子生产经营业务档案，解决工作中一般技术问题。

③参与本地区林木种子生产经营项目计划、年度计划、长远规划的制定。

2. 专业知识要求

①了解林业技术专业基础知识和专业知识。

②熟悉国家及上级主管部门林木种子生产和经营的有关政策、法律、法规及标准。

③熟悉林木种子生产经营业务的拓展和操作技术。

3. 工作能力要求

①能正确理解国家及上级主管部门有关林业、林木种子生产经营的政策和法规。

②能收集有关林木种子生产经营的技术资料，正确填写种子生产经营技术档案，解决工作中的一般技术问题。

③具有指导本专业技术工人业务技术的能力。

④具有一定的口语表达能力、团队协作能力、分析解决问题能力。

（四）苗木生产经营业务技术人员岗位职责与专业知识能力要求

1. 岗位职责

①在上级林业主管部门领导下，贯彻执行有关政策和法规，负责苗木生产经营的一般技术工作。

②负责收集有关技术资料，正确填写苗木生产经营业务档案，解决工作中一般技术问题。

③参与本地区苗木生产经营项目计划、年度计划、长远规划的制定。

2. 专业知识要求

①了解林业技术专业基础知识和专业知识。

②熟悉国家及上级林业主管部门林木苗木生产和经营的有关政策、法律、法规及标准。

③熟悉并掌握苗圃建立和规划设计的基本知识，掌握苗木生产（含现代化育苗）基本理论知识。

④熟悉苗木生产经营业务的拓展和操作技术。

3. 工作能力要求

①能正确理解国家及上级林业主管部门有关林业和林木苗木生产经营的政策、法规、标准。

②能收集有关林木苗木生产经营的技术资料，正确填写苗木生产经营技术档案，解决工作中的一般技术问题。

③具有指导本专业技术工人业务技术的能力。

④具有一定的口语表达能力、团队协作能力、分析解决问题能力。

（五）森林营造业务技术人员岗位职责与专业知识能力要求

1. 岗位职责

①在上级林业主管部门领导下，贯彻执行有关政策和法规，负责森林营造一般技术工作。

②负责收集有关技术资料，正确填写森林营造、工程造林业务档案，解决工作中一般技术问题。

③参与本地区森林营造项目计划、年度计划、长远规划和工程造林规划的制定。

2. 专业知识要求

①了解林业技术专业基础知识和专业知识。

②熟悉国家及上级林业主管部门森林营造、营造林工程监理的有关政策、法律、法规及标准。

③熟悉并掌握工程造林规划设计、营造林工程监理的基本知识，掌握森林营造（含造林新技术）、造林施工作业设计的基本理论知识。

④熟悉森林营造业务的拓展和操作技术。

3. 工作能力要求

①能正确理解国家及上级林业主管部门有关森林营造、造林作业设计、营造林工程监理等方面的政策、法规和标准。

②能收集有关森林营造、造林作业设计、营造林工程监理的技术资料，正确填写森林营造、工程造林技术档案，掌握造林作业设计说明书、营造林工程监理大纲和监理报告的编制技能，解决营造林工作中的一般技术问题。

③具有指导本专业技术工人业务技术的能力。

④具有一定的口语表达能力、团队协作能力、分析解决问题能力。

（六）森林经营业务技术人员岗位职责与专业知识能力要求

1. 岗位职责

①在上级林业主管部门领导下，贯彻执行有关政策和法规，负责森林经营一般技术工作。

②负责收集有关技术资料，正确填写森林经营业务档案，解决工作中一般技术问题。

③参与本地区森林经营项目计划、年度计划、长远规划和工程造林规划的制定。

2. 专业知识要求

①了解林业技术专业基础知识和专业知识。

②熟悉国家及上级林业主管部门森林经营的有关政策、法律、法规及标准。

③熟悉并掌握森林经营设计的基本知识，掌握森林经营作业的基本理论知识。

④熟悉森林经营业务（森林抚育采伐、森林主伐更新、森林改造等）的拓展和操作技术。

3. 工作能力要求

①能正确理解国家及上级主管部门有关森林经营等方面的政策、法规和标准。

②能收集有关森林抚育采伐、森林主伐作业设计、森林改造的技术资料，正确填写森林抚育经营技术档案，掌握森林抚育间伐、森林主伐作业设计说明书的编制技能，解决森林经

营工作中的一般技术问题。

③具有指导本专业技术工人业务技术的能力。

④具有一定的口语表达能力、团队协作能力、分析解决问题能力。

二、综合实训应达到的职业能力目标

（一）关键能力培养目标

综合实训除了培养学生的专业技能外，还要培养学生的关键能力。关键能力包括方法能力和社会能力，它是一种不受职业和岗位限制的通用能力，也称跨职业能力，是人们从事任何工作都需要的能力。通过综合实训，应着重培养学生以下 4 种关键能力：

1. 分析与解决问题能力

森林培育受造林地立地环境条件、树种生态学特性、人畜活动等影响，各因子之间相互依赖、相互影响，在森林培育工作中必须分析这些错综复杂的因子，从而找出符合既保护人类经济利益又能维护生态环境稳定的解决方案。因此，森林培育从业人员必须具备分析和解决问题能力。

2. 组织与协调能力

森林培育是动员林权所有者的单位或个人，以一定的组织形式对森林进行建设、恢复、保护、扩大的一种群众性的生产活动，它涉及林业的有关部门和毗邻单位的利益关系与协作配合，涉及对施工人员的组织管理。因此，通过综合实训，必须培养学生发动群众、组织群众、宣传群众的能力和协调各方能力。

3. 团队合作能力

森林培育综合实训一般都采用任务/项目的训练模式，以小组为单位承担林业调查任务，小组各成员之间必须密切配合，团结合作、齐心协力、分工不分家，才能优质保量地完成实训任务。

4. 创新与应变能力

森林培育经营受造林地立地环境条件的复杂性和多变性影响，不同的气候条件、不同的地形地势和土壤条件、不同的树种都直接决定着森林培育的效果，因此，森林培育工作不是一成不变的，这就要求从业者能具体问题具体分析，能运用所学的森林培育的基本理论、基本知识，遵循客观规律，创新技术方法，做到灵活应变。

（二）专业技能目标

通过综合实训，使学生能应用所学的专业知识和单项技能，完成与森林培育职业岗位群具有共性的综合实训项目，培养学生的专业能力。

1. 掌握林木良种繁育推广的技能

本项技能通过安排学生在林场进行林木良种繁育项目加以解决。要求学生学会种子园经营管理技术、采穗圃建设及管理技术、良种推广能力。

2. 掌握种子生产经营的技能

本项技能通过安排学生在林场进行林木种子生产经营项目加以解决。要求学生学会种子产量预测、采种母树选择、种实采集、种实处理、种实贮藏等项目的基本技能。

3. 掌握苗木生产经营的技能

本项技能通过安排学生在学院生物实训基地、林场苗圃或附近地区苗圃进行组培育苗训练、苗木生产经营操作项目加以解决。要求学生学会植物组织培养基本操作、苗圃地选择、苗圃育苗设计、各种育苗方法生产操作、苗木管理等项目的基本技能。

4. 掌握造林作业设计和施工作业的技能

本项技能通过安排学生在学院林场宜林地或附近地区宜林地进行造林作业设计和造林施工操作项目加以解决。要求学生学会造林地面积测量，造林地土壤、植被调查，造林地立地类型划分，造林技术设计，造林设计说明书和造林各类设计表编制，造林施工操作等项目的基本技能。

5. 掌握森林抚育间伐设计技能

本项技能通过安排学生在学院林场林地进行抚育间伐设计和抚育间伐施工操作项目加以解决。要求学生学会区划、实测作业区，设置标准地、标准地调查、抚育间伐设计、编制抚育间伐作业设计表和设计说明等项目的基本技能。

6. 掌握森林主伐作业设计技能

本项技能通过安排学生在学院林场伐区进行森林主伐作业设计项目加以解决。要求学生学会伐区调绘、伐区调查、绘制伐区设计图、编制各类伐区作业设计表、编写伐区作业设计说明书等项目的基本技能。

7. 掌握生态公益林经营管理的基本技能

本项目通过对生态公益林经营管理设计和施工的实践，使学生掌握生态公益林经营管理的指导思想和遵循原则、生态公益林的管护等级划分、生态公益林经营技术措施、生态公益林管护措施等经营管理基本技能。

8. 掌握营造林工程质量检查验收和监理报告撰写技能

本项技能通过安排学生在学院林场施工山场或林地、工程造林林地进行营造林工程质量检查验收和监理报告编制项目加以解决。要求学生学会营造林工程监理资料收集，营造林各工序检查验收，营造林监理报告编制等项目的基本技能。

三、综合实训内容与时间安排

根据实训项目的性质，本综合实训课程宜采用项目/任务训练模式，这种模式针对性强，操作性强，有利于培养学生收集信息、制定计划、实施计划和分析解决问题的能力，有利于锻炼学生团队合作的能力。具体内容与要求如下（表Ⅰ-1）：

表Ⅰ-1 森林培育综合实训教材实训项目一览表

序号	综合实训项目	实训内容	教学方法	组织形式	实训环境	实训时间	备注
1	种子生产技术	优树选择、种子生产	采用项目和实操教学法，由教师提出任务，并指导学生设计实施方案，学生实施后，自我评价，教师再检查评价	以5人为一个项目小组，各成员分工负责，并适当轮换岗位	林场种子生产基地	1周	

(续)

序号	综合实训项目	实训内容	教学方法	组织形式	实训环境	实训时间	备注
2	植物组织培养技术	组培工厂化育苗技术	采用项目教学法，由教师提出任务，并指导学生设计实施方案，学生实施后，自我评价，教师再检查评价	以2人为一个项目小组，各成员分工负责，并适当轮换岗位	生物技术中心	1周	
3	苗木生产技术	育苗技术设计、苗木生产技术操作	采用项目教学法，由教师提出任务，并指导学生设计实施方案，学生实施后，自我评价，教师再检查评价	以5人为一个项目小组，各成员分工负责，并适当轮换岗位	苗圃	1周	
4	造林作业设计与施工	造林作业设计说明书编制、造林施工	采用项目教学法，由教师提出任务，并指导学生设计实施方案，学生实施后，自我评价，教师再检查评价	以5人为一个项目小组，各成员分工负责，并适当轮换岗位	林场、实训室	1.5周	
5	森林抚育间伐作业设计	森林抚育、间伐作业、外业调查和设计说明书编制	采用项目教学法，由教师提出任务，并指导学生设计实施方案，学生实施后，自我评价，教师再检查评价	以5人为一个项目小组，各成员分工负责，并适当轮换岗位	林场、实训室	1周	
6	森林主伐作业设计	森林主伐作业设计、外业调查和设计说明书编制	采用项目教学法，由教师提出任务，并指导学生设计实施方案，学生实施后，自我评价，教师再检查评价	以5人为一个项目小组，各成员分工负责，并适当轮换岗位	林场、实训室	1周	
7	生态公益林经营管理技术	生态公益林经营管理技术设计	采用项目教学法，由教师提出任务，并指导学生设计实施方案，学生实施后，自我评价，教师再检查评价	以5人为一个项目小组，各成员分工负责，并适当轮换岗位	林场、实训室	0.5周	
8	营造林工程监理	造林检查验收、营造林工程监理报告编制	采用项目教学法，由教师提出任务，并指导学生设计实施方案，学生实施后，自我评价，教师再检查评价	以5人为一个项目小组，各成员分工负责，并适当轮换岗位	林场、实训室	1周	
	合计					8周	

四、综合实训条件配备要求

（一）师资配备

按40个学生标准班型配备具有森林培育专业实践经验的指导老师2人，每5人一个实训小组，共8个实训小组。

（二）实训场所

森林培育综合实训在校内外实训基地（林场、生物技术中心、苗圃、实训室等）进行。

（三）实训设备

具体详见各综合实训项目要求。

（四）学习材料

①综合实训指导书；
②《林木种苗生产技术》教材；
③《森林营造技术》教材；
④《森林经营技术》教材；
⑤森林培育专著；
⑥森林培育国家技术标准、行业标准、地方标准。

五、考核与评价

（一）学生能力考核评价

学生能力考核评价内容包括专业技能和关键能力养成两个方面。专业技能考核内容及评价标准详见各个综合实训项目；学生关键能力养成考核评价主要看学生在实训中的表现，共7项内容（表I-2），两方面满分为100分，其中专业技能为70分，关键能力为30分。

考核评价主体由指导教师和学生小组两部分组成。指导教师要对综合实训过程进行全过程跟踪指导，做好记录，对每名学生的实训表现和操作情况逐日记载，对学生编制的设计方案和撰写的实训报告逐本审批，并记录在案。实训结束后，对每个学生逐一打分，评出成绩。学生所在小组在小组长带领下，要对本组成员的实训态度、实训纪律、实训工作量给予如实记载，在实训结束时，采取无记名形式进行互评，取得每人的平均分。学生实训总成绩由指导老师评定成绩和学生小组互评成绩组成，其中前者占60%。（如有生产单位指导教师参与，考核评价由生产单位指导教师、学校指导教师和学生小组三部分组成，各占1/3。）

表 I-2 学生综合实习考试评价表

考核类别	考核内容	评价标准	配分	小组成员互评平均分	指导教师评价分
关键能力养成及实习表现	实训时间	全程参加	4		
	实习纪律	无违纪行为	3		
	实训工作量	主动承担任务并圆满完成	7		
	分析与解决问题能力	解决专业问题的数量与效果	6		
	组织协调能力	协调工作问题的数量与效果	3		
	团结合作能力	组员之间的配合程度	4		
	创新应变能力	提出新建议的数量与效果	3		

（二）对指导教师的评价

综合实训结束以后，学校组织督导组成员和学生代表用无记名方式对指导教师进行评价,其中督导组成员评价占50%,学生评价占50%,组成对指导教师的评价(表Ⅰ-3)。

表Ⅰ-3 综合实训指导教师评价表

序号	评价内容	评价标准	分值	得分
1	教学态度	教学态度端正,工作认真	20分	
2	专业理论水平	知识面广、能掌握新知识、应用能力强	10分	
3	专业实践水平	技能全面、水平高	20分	
4	教学方法	教学方法灵活,因材施教	20分	
5	教学质量	学生学习有兴趣,实训内容掌握扎实	30分	
	合计		100分	

(三)课程评价

综合实训结束后,教师应采用调查问卷形式征求学生及林场对综合实训课程的意见和建议,作为课程评价的参考,设计的主要问题如下:

①你认为本课程最有实用价值的内容有哪些?
②哪些问题需要进一步地了解或得到帮助?
③你对综合实训课程的教学有哪些建议?

Ⅱ. 综合实训指导

实训 1　种子生产技术

一、实训目的与要求

林木种子生产综合实训是为了通过实际操作训练，让学生能够熟练运用优势木对比法、平均木对比法、绝对生长量法和综合评分法等常用的优树选择方法进行用材树种、经济林树种优树选择，熟练掌握种子采收、处理、贮藏等种子生产技能，使所学理论知识与生产实践相结合，巩固和加深对新知识的理解，并增强学生的动手意识，培养学生解决问题、分析问题的能力。

①熟练掌握用材树种优树选择方法和步骤；
②熟练掌握采种母树确定、种子采收方法选择，以及种子采收、种子处理、种子贮藏技能。

二、实训条件配备要求

(一) 优树选择的实训条件及设备

确定选优树种，制定选优方案，根据林相图或地形图、平面图，以及小班一览表等资料初步确定选优林分分布范围。本实训需要实训指导教师2人，学生分组操作。学生操作之前应由指导教师讲解操作规程和注意事项，指定各组组长，强调分工合作的重要性。

本实训内容需准备：罗盘仪、皮尺、生长锥、测高器、望远镜、轮尺、油漆、记录表格、铅笔、调查员手册、计算器、粉笔、教学林场林相图或地形图、平面图。

(二) 种子采收、处理和贮藏的实训条件及设备

确定采种林分，根据树种特性确定采种方法。学生操作之前由指导教师讲解操作规程和注意事项。

本实训内容需准备：采种工具、种实袋、种子采收登记卡、标签、种子贮藏器具等。

三、实训内容与时间安排

（一）实训内容

①实训前要做好动员工作和纪律要求，特别强调野外作业时的安全问题。要求学生复习巩固有关的理论知识，熟悉实训教材内容，查阅选优树种、采种树种生物特性和生态学特性等资料，初步确定选优、采种地点，拟定选优方案，确定采种方法、种实处理方法、种子贮藏方法。准备好实训所需仪器设备、工具、实验材料。

②选优林分和候选树确定，生长指标评定，形质指标评定，内业整理，填写优树登记表。

③采种林分和采种母树选择，种实采收。

④种实脱粒、净种、干燥、分级。

⑤种子贮藏方法选择及种子贮藏前的处理。

（二）时间安排

本实训项目实训时间5d，具体安排如表Ⅱ-1-1：

表Ⅱ-1-1　种子生产技术实训时间安排表

序　号	实训项目名称	时间分配（d）
1	实训前准备工作	0.5
2	优树选择	1.0
3	种子采收、加工处理、贮藏	2.5
4	编写实训报告	1.0
合　计		5.0

四、实训的组织与工作流程

（一）实训组织

学生按5人1组分组，指定组长，由组长进行组内分工、协调。

（二）工作流程

工作的具体步骤见图Ⅱ-1-1。

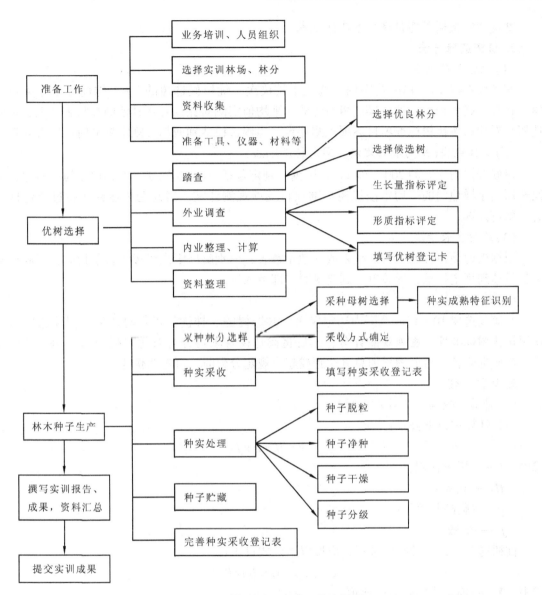

图Ⅱ-1-1 林木种子生产工作流程图

五、实训步骤与方法

(一)优树选择

1. 踏查

根据某林场或某地区的林相图或地形图、平面图进行全面踏查,了解林分生长情况,选出优良林分,为候选树作好准备。

根据优树选择的标准,在预定的优良林分中目测预选,并在中选的树木上作好标记,以便初选实测,并注意下列问题:

①优树候选树所处的立地条件与其他林木相同;

②优树候选树不能是林缘木或孤立木。

2. 优树选择方法

（1）优势木对比法

在离候选树 10～15m 范围内，选定生长仅次于优树候选树的 3～5 株优势木作为对比树。在径、高生长上，通过候选树与优势木平均值实测对比，并在其他的性状表现上，把候选树与对比树按优树标准项目逐项观测评定，当候选树达到或超过规定标准时，即可入选。

（2）小样地法（平均木对比法、固定标准地法）

以候选树为中心的 200～700m² 范围内，划定包括 40～60 株立木的林地作为小样地，把候选树与小样地内的平均木按优树标准项目逐项观测评定，当候选树达到或超过规定标准时，即可入选。

（3）绝对生长量法

根据当地该树种的生长过程表或立地指数表，分别龄级定出优树生长量指标，当候选树生长量达到规定标准，形质也达到要求时，即可入选。

（4）综合评分法

在离候选树 10～15m 范围内选定仅次于候选树的 5 株优势木作对比树，把候选树与对比树按优树标准项目逐项观测评分，然后将候选树各项得分与对比树得分的平均值进行比较，当候选树各项得分的累加总分达到或超过规定分数时，可定为优树。

3. 计算、登记

（1）计算候选树、优势木的材积

材积计算按以下公式：

$$V = H \times g \times f$$

式中　V——树干材积；

　　　H——树高；

　　　g——胸高断面积；

　　　f——形数。

优树选择如在异龄林中进行，应按以下公式订正：

$$X = [(A - C \times D)/B]\%$$

式中　X——换算成同龄后的比值；

　　　A——候选树的实测值；

　　　B——3 株或 5 株大树的平均值；

　　　C——优树年龄减去优势木年龄之差；

　　　D——优树年龄平均生长量。

（2）优树登记

按预定的生长及形质标准，对候选树进行全面评比，凡中选的林木将其各项计算数据填入优树登记表（见表Ⅱ-1-2～表Ⅱ-1-4）。

（二）种实采收

1. 选择采种林分和采种母树

为保证所采收的种子具有较好的遗传品质和播种品质，应进行采种林分和采种母树的选择。

①采种林分选择　采种林分要求是中龄林或近熟林，林相整齐，无经过负向选择，实生起源，Ⅰ、Ⅱ地位级的优良林分；优良林分经疏伐改造而成的母树林；种子园。

②采种母树的选择　选择优良林分中生长健壮、无病虫害的优势木、亚优势木作为采种母树。

2. 种实成熟特征辨别

种实成熟与否，直接影响种子的品质，因此，采种前必须进行种实成熟程度判断。种实达到形态成熟时，外部显示出一定的特征，主要表现在颜色、气味和果皮上的变化。因此，可根据果实成熟时的外部特征来确定是否成熟，但对某些树种并不完全准确，还要结合种子的成熟特征来判断。一般已成熟的种子，种仁饱满、坚韧，种皮有一定色泽，种子有一定重量。

3. 种实采收

①立木采集法　适于成熟后容易脱落飞散和脱落后难以收集及成熟后较长时期不易脱落的树种。

②地面收集法　适于成熟后脱落于地面不易被风吹散的大粒种实，一般在树下捡拾收集。

4. 种子登记

来源不同的种子要分开装放，并按顺序编号，进行登记，并填写"种子采收登记证"（表Ⅱ-1-5）。

（三）种实处理

种实处理也称种实调制，其包括脱粒、净种、干燥、分级等工序。种实采集后应及时处理，以免发热、发霉，降低种子品质。

1. 脱粒

脱粒是指从果实中取出种子的过程，方法因果实种类不同而异。

①球果类的脱粒　要从球果中取出种子，关键是使球果干燥。树脂含量低的球果，主要是用暴晒法干燥，使果鳞张开，种子脱出；开裂困难的果球，在晒干后置于木槽中敲打，筛选取种；树脂含量较高的球果，用2%～3%石灰水堆沤球果至黑褐色后暴晒，使果鳞开裂，种子脱出。

②干果类的脱粒　含水量较低的荚果、翅果，以及部分坚果类，采用暴晒干燥。含水量较高的蒴果、翅果、坚果只可用阴干法干燥，不宜暴晒。大多数荚果、蒴果干燥后，果皮开裂，剥壳或用木棒敲打、石碾滚压果实即可取出种子。大粒坚果干燥后去总苞，挑出种实。

③肉质果类脱粒　先堆沤或浸沤果实，使果皮软化，然后捣烂或揉搓果肉，漂洗去皮，取出种子阴干。

2. 净种

净种又叫种子精选，是清除种子的各种夹杂物，如种翅、鳞片、果皮、果柄、枝叶碎片、瘪粒、破碎粒、石块、土粒、废种子及异类种子等，以利于贮藏和播种。净种的方法有：

①风选　根据饱满种子和夹杂物重量的不同，借风力将种子中的夹杂物吹走。适用于中

小粒种子。

②筛选　根据种粒和夹杂物的直径大小不同，用各种孔径不同的筛子，将杂物与种子分开。

③水选　根据种子和夹杂物的比重大小不同，用水或其他溶液净选种子的方法。

④粒选　大粒种子可人工挑选，将粒大、饱满、色泽正常、没有病虫害的种子与劣质种子分开。

3. 种子干燥

经过脱粒和净种后的种子，在调运或贮藏前还必须进行适当的干燥。种子干燥一般以干燥到种子安全含水量范围为宜。一些主要树种的安全含水量详见表Ⅱ-1-5。种子干燥的方法，根据种实的特性不同，可采用晒干法和阴干法。

表Ⅱ-1-5　主要树种种子安全含水量

树种	种子安全含水量(%)	树种	种子安全含水量(%)
杉木	8~10	大叶桉	7~8
马尾松	9~10	木荷	8~9
侧柏	8~11	臭椿	9
柏木	11~12	白蜡	9~13
皂荚	5~6	杜仲	13~14
刺槐	7~8	樟树	16~18
白榆	7~8	油茶	24~26
杨树	6	麻栎	30~40

①晒干法　适用于种皮坚硬、安全含水量低、生命力强的种子。

②阴干法　适用于种粒小、种皮薄、成熟后代谢作用旺盛的种子和安全含水量高的种子。

4. 种粒分级

将同一批种子按大小轻重加以分类称种粒分级。分级方法：大粒种子用粒选分级；中小粒种子用筛选、风选分级。

（四）种子贮藏

除少数林木种子宜随采随播外，大多数树种的种子要经过一个冬季贮藏，翌春播种。种子的贮藏方法分干藏和湿藏两大类。一般安全含水量低的种子适于干藏，安全含水量高的种子适于湿藏。

1. 干藏法

干藏法是将经过适当干燥的种子贮藏在一定干燥和低温的环境中。根据对种子贮藏时间长短的要求和采种措施不同，分普通干藏和密封干藏两种。

①普通干藏　适于贮藏时间不长或短期内不易丧失发芽能力的种子。其方法是：将种子自然干燥，然后装在布袋、麻袋、木桶、筐、缸等容器内，放在低温、干燥、通气、阴凉的地窖、地下室、仓库或专门的贮藏室内。

②密封干藏　适用于易丧失发芽能力、安全含水量较低的珍稀种子。

2. 湿藏法

湿藏法是将种子贮藏在湿润、低温、通风的环境中。湿藏要注意防止种子干燥、发热、发霉和发芽。方法有露天埋藏、室内堆藏、窖藏等。

①露天埋藏 选择地势高、干燥、排水良好、背风向阳处挖坑。坑底铺一层厚约10~20cm的粗砂石，中央插一把草把或有孔竹筒。将种子与湿沙按3∶1混合拌匀堆放坑内，或分层放置，每层厚5cm左右，装到离地面20cm左右为止。沙的湿度以手握成团，不出水，松手触之即散为宜。上覆50cm河沙和10~20cm厚的秸秆等，四周挖好排水沟。

②室内堆藏 在我国南方应用较普遍。在通风、阴凉的屋子或地下室，地面铺约10cm厚湿润粗砂，放好通气束，然后将种子与润砂按1∶3的比例混合拌匀堆放或分层堆放，每层厚5~10cm，堆至50~60cm高时，上覆润砂一层。堆完后上盖草、遮阴网等。

③窖藏 选地势干燥、阴凉、排水良好处挖瓦罐形窖，体积约10m³。窖底铺卵石和干草10cm，再将种子倒入摊平，装至四成满时，用石板或木板盖严，四周开排水沟。此法适于贮藏含水量高的大粒种子。

六、实训结果与考核

(一)考核方式

优树选择与种子生产综合实训考核方式包括过程考核和结果考核两部分，其中过程考核占30%，结果考核占70%。

(二)实训成果

每人应上交综合实训报告1份，其内容如下：
①优树选择方法和优树登记表；
②种实采收方法；
③种实处理方法；
④种子贮藏方法和种子采收登记表。

(三)成绩评定

实训结束后根据学生的实践操作熟练程度及实训成果；组织纪律；工作态度；爱护仪器和工具5个方面由指导教师综合评定成绩。通过综合评分划分等级分：优秀、良好、及格、不及格四级制，标准如下：

优秀(85~100)：熟练掌握优树选择、种实采收、种实处理、种实贮藏技能操作；外业、内业及实训报告认真完成并及时提交；有严格的组织纪律性，爱护公物。

良好(70~84)：能较为熟练掌握优树选择、种实采收、种实处理、种实贮藏技能操作；外业、内业及实训报告能较认真完成并及时提交；有较强的组织纪律性，爱护公物。

及格(60~69)：基本掌握优树选择、种实采收、种实处理、种实贮藏技能操作，能完成实训操作，提交实训成果，但完成质量一般；组织纪律性和工作态度一般。

不及格(60以下)：操作步骤不合理，有明显的操作失误；内业、外业和实训报告完成质量差；组织纪律和工作态度差，不爱护公物财物。

七、说明

①本综合实训操作规程主要面向林业技术及相关专业学生综合实训教学使用。
②本综合实训实施时,一定要注意野外作业安全问题。
③实训前最好在指导教师的指导下,模拟演练一遍,或指导教师示范操作一遍。
④优树选择实为模拟训练,重在通过训练使学生熟练掌握优树选择方法和步骤。

表 Ⅱ-1-2 优势木对比法优树登记卡

优树编号＿＿＿＿＿＿＿＿ 优势木编号＿＿＿＿＿＿＿＿
优树生长地点＿＿＿＿＿＿省＿＿＿＿＿＿地区(市)＿＿＿＿＿＿县(区)＿＿＿＿＿＿林场(乡)
＿＿＿＿＿＿工区(村)＿＿＿＿＿＿林班(组),小地名＿＿＿＿＿＿
海拔＿＿＿＿＿＿坡向＿＿＿＿＿＿坡度＿＿＿＿＿＿坡位＿＿＿＿＿＿
地形＿＿＿＿＿＿土壤＿＿＿＿＿＿
主要植被＿＿＿＿＿＿
其他主要树种＿＿＿＿＿＿组成＿＿＿＿＿＿郁闭度＿＿＿＿＿＿
密度＿＿＿＿＿＿(株/公顷)林龄＿＿＿＿＿＿(年)
起源＿＿＿＿＿＿繁殖方式＿＿＿＿＿＿
选择时间＿＿＿＿＿＿决选时间＿＿＿＿＿＿采种时间＿＿＿＿＿＿
优树形态特征:
1. 树冠:冠型＿＿＿＿＿＿侧枝角度＿＿＿＿＿＿侧枝对称性＿＿＿＿＿＿
2. 树皮:颜色＿＿＿＿＿＿厚度＿＿＿＿＿＿cm 裂纹通直度＿＿＿＿＿＿
3. 树叶:颜色＿＿＿＿＿＿硬度＿＿＿＿＿＿长度大小＿＿＿＿＿＿密度＿＿＿＿＿＿
4. 树干:通直度＿＿＿＿＿＿圆满度＿＿＿＿＿＿
5. 果实:形态＿＿＿＿＿＿大小＿＿＿＿＿＿
6. 历年结实情况:＿＿＿＿＿＿
7. 病虫害:种类＿＿＿＿＿＿危害程度＿＿＿＿＿＿

优树与五(三)株优势木生长比较表

优树编号:

树号	树高(m)	胸径(cm)	中央直径(cm)	形率 Q	形数 f	胸高断面积(m)	平均冠幅(m)	枝下高(m)	材积(m^3)	备注
优树										
优势木										
合计										
平均										

注:合计指五(三)株优势木的合计。

比较结果:胸径:＿＿＿＿＿＿优树＞优势木平均值＿＿＿＿＿＿%
　　　　　树高:＿＿＿＿＿＿优树＞优势木平均值＿＿＿＿＿＿%
　　　　　材积:＿＿＿＿＿＿优树＞优势木平均值＿＿＿＿＿＿%

优树形质评定积分表

项目	干形		树冠			树皮		生长势	结实状况	健康状况	总评分	备注
	通直度	圆满度	冠径比	枝径比	侧枝角度	树皮率	纹理扭曲度					
得分												

调查人:＿＿＿＿＿＿ 记录人:＿＿＿＿＿＿ 计算人:＿＿＿＿＿＿ 调查时间：　年　月　日
选择结论:＿＿＿＿＿＿

优树位置示意图：

表 Ⅱ-1-3　平均木对比法优树登记卡

优树编号＿＿＿＿＿＿＿＿＿＿　　优势木编号＿＿＿＿＿＿＿＿＿＿

优树生长地点＿＿＿＿＿＿省＿＿＿＿＿＿地区（市）＿＿＿＿＿＿县（区）＿＿＿＿＿＿林场（乡）

＿＿＿＿＿＿工区（村）＿＿＿＿＿＿林班（组），小地名＿＿＿＿＿＿

海拔＿＿＿＿＿＿＿＿＿坡向＿＿＿＿＿＿＿＿＿坡度＿＿＿＿＿＿＿＿＿坡位＿＿＿＿＿＿

地形＿＿＿＿＿＿＿＿＿＿＿＿土壤＿＿＿＿＿＿＿＿＿＿＿

主要植被＿＿＿＿＿＿＿＿＿＿＿＿＿＿＿＿＿＿＿＿＿

其他主要树种＿＿＿＿＿＿＿＿＿＿＿＿组成＿＿＿＿＿＿＿＿＿郁闭度＿＿＿＿＿＿＿

密度＿＿＿＿＿＿＿＿＿（株/公顷）林龄＿＿＿＿＿＿＿＿＿＿＿＿＿＿＿＿＿＿（年）

起源＿＿＿＿＿＿＿＿＿＿繁殖方式＿＿＿＿＿＿＿＿＿

选择时间＿＿＿＿＿＿＿＿决选时间＿＿＿＿＿＿＿＿＿采种时间＿＿＿＿＿＿＿＿

优树形态特征：

1. 树冠：冠型＿＿＿＿＿＿＿＿侧枝角度＿＿＿＿＿＿＿＿侧枝对称性＿＿＿＿＿＿＿
2. 树皮：颜色＿＿＿＿＿＿＿厚度＿＿＿＿＿＿＿＿cm 裂纹通直度＿＿＿＿＿＿＿
3. 树叶：颜色＿＿＿＿＿＿＿硬度＿＿＿＿＿＿＿＿长度大小＿＿＿＿＿＿＿密度＿＿＿＿＿
4. 树干：通直度＿＿＿＿＿＿＿＿＿＿＿＿圆满度＿＿＿＿＿＿＿＿＿
5. 果实：形态＿＿＿＿＿＿＿＿＿＿＿大小＿＿＿＿＿＿＿＿＿
6. 历年结实情况：＿＿＿＿＿＿＿＿＿＿＿＿＿＿＿＿＿＿＿＿＿＿＿＿
7. 病虫害：种类＿＿＿＿＿＿＿＿＿＿＿＿＿危害程度＿＿＿＿＿＿＿＿＿

小标地每木调查表

标地编号：　　　　　　　　　　　　　　　　　优树编号：

径阶	各径阶林木株数	小计	断面积（m²）		材积（m³）	
			单株	小计	单株	小计

平均断面积 =　　　　　　　（m²）

标准地平均胸径 =（平均断面积/0.7854）的开方 =　　　　　（m）=　　　　　（cm）

平均木高 =　　　　　　　（m）
单株材积 = $D_{1.3}^2 \times 0.7854 \times H \times f$ =　　　　　　（m³）
调查人：　　　　记录人：　　　　计算人：

优树编号

优树与五（三）株平均木生长比较表

树号	树高(m)	胸径(cm)	中央直径(cm)	形率 Q	形数 f	胸高断面积(m)	平均冠幅(m)	枝下高(m)	材积(m³)	备注
优树										
平均木										
合计										
平均										

注：合计指五（三）株平均木的合计。

比较结果：
　　胸径：_____ 优树 > 平均木平均值 _____%
　　树高：_____ 优树 > 平均木平均值 _____%
　　材积：_____ 优树 > 平均木平均值 _____%

优树形质评定积分表

项目	干形		树冠			树皮		生长势	结实状况	健康状况	总评分	备注
	通直度	圆满度	冠径比	枝径比	侧枝角度	树皮率	纹理扭曲度					
得分												

调查人：　　　　记录人：　　　　计算人：　　　　调查时间：　　年　　月　　日
选择结论：_____
_____

优树位置示意图：

表 II-1-4 绝对生长量法优树登记卡

优树编号 _____ 优势木编号 _____
优树生长地点 _____ 省 _____ 地区(市) _____ 县(区) _____ 林场(乡)
_____ 工区(村) _____ 林班(组),小地名 _____
海拔 _____ 坡向 _____ 坡度 _____ 坡位 _____
地形 _____ 土壤 _____
主要植被 _____
其他主要树种 _____ 组成 _____ 郁闭度 _____
密度 _____ (株/hm²) 林龄 _____ (年)
起源 _____ 繁殖方式 _____
选择时间 _____ 决选时间 _____ 采种时间 _____
优树形态特征:
1. 树冠:冠型 _____ 侧枝角度 _____ 侧枝对称性 _____
2. 树皮:颜色 _____ 厚度 _____ cm 裂纹通直度 _____
3. 树叶:颜色 _____ 硬度 _____ 长度大小 _____ 密度 _____
4. 树干:通直度 _____ 圆满度 _____
5. 果实:形态 _____ 大小 _____
6. 历年结实情况: _____
7. 病虫害:种类 _____ 危害程度 _____

绝对值评选法记载

优树编号:

优树数量指标记载表

项目	树龄(年)	树高(m)	胸径(cm)	中央直径(cm)	形率 Q	形数 f	胸高断面积(m)	平均冠幅(m)	枝下高(m)	材积(m³)
数值										

比较结果:
胸径: _____ 优树>入选标准 _____ %
树高: _____ 优树>入选标准 _____ %
材积: _____ 优树>入选标准 _____ %

优树形质评定积分表

项目	干形		树冠			树皮		生长势	结实状况	健康状况	总评分	备注
	通直度	圆满度	冠径比	枝径比	侧枝角度	树皮率	纹理扭曲度					
得分												

调查人: _____ 记录人: _____ 计算人: _____ 调查时间: 年 月 日
选择结论: _____

优树位置示意图：

表Ⅱ-1-5　林木采种登记表

种子区、亚区＿＿＿＿＿＿＿　　　　采种林类别＿＿＿＿＿＿＿　　　　种批号＿＿＿＿＿＿＿
（供有种子区划的树种填写）
1. 树种（中名及学名）＿＿＿＿＿＿＿＿＿＿＿＿＿＿＿＿＿＿＿＿＿＿＿＿＿＿＿＿＿＿＿＿
2. 采种地点（县、乡、小地名）＿＿＿＿＿＿＿＿＿＿＿＿＿＿＿＿＿＿＿＿＿＿＿＿＿＿＿
经度＿＿＿＿＿＿＿＿　纬度＿＿＿＿＿＿＿＿　海拔＿＿＿＿＿＿m至＿＿＿＿＿＿m
3. 采种林分或采种单株状况＿＿＿＿＿＿＿＿＿＿＿＿＿＿＿＿＿＿＿＿＿＿＿＿＿＿＿＿
4. 林分或单株年龄（划"○"或打"√"）：20 年以下　20～40 年生　40～60 年生　60～80 年生　80～100 年生　100 年以上
5. 采集方法＿＿＿＿＿＿＿＿＿＿＿＿＿＿＿＿＿＿＿＿＿＿＿＿＿＿＿＿＿＿＿＿＿＿＿
6. 采种起止日期＿＿＿＿＿＿年＿＿＿＿月＿＿＿＿日至＿＿＿＿年＿＿＿＿月＿＿＿＿日
7. 共采株数约＿＿＿＿＿＿＿＿＿＿株
8. 采集果实＿＿＿＿＿＿＿＿＿＿kg，容器＿＿＿＿＿＿＿＿＿件
9. 发运时果实状况＿＿＿＿＿＿＿＿＿＿＿＿＿＿＿＿＿＿＿＿＿＿＿＿＿＿＿＿＿＿＿＿
10. 采集工作简况＿＿＿＿＿＿＿＿＿＿＿＿＿＿＿＿＿＿＿＿＿＿＿＿＿＿＿＿＿＿＿＿＿
采种单位＿＿＿＿＿＿采集现场负责人（签名）＿＿＿＿＿＿＿年＿＿＿月＿＿＿日
（以下由调制单位或种子收购人填写）
1. 收到果实（收购种子）时间＿＿＿＿＿＿＿＿年＿＿＿＿月＿＿＿＿日
2. 收到果实（收购种子）＿＿＿＿＿＿＿＿kg，容器＿＿＿＿＿＿＿＿件
3. 收到时果实状况＿＿＿＿＿＿＿＿＿＿＿＿＿＿＿＿＿＿＿＿＿＿＿＿＿＿＿＿＿＿＿＿
4. 调制工作简况＿＿＿＿＿＿＿＿＿＿＿＿＿＿＿＿＿＿＿＿＿＿＿＿＿＿＿＿＿＿＿＿＿
5. 调制种子＿＿＿＿＿＿＿＿＿＿＿＿kg，出种率＿＿＿＿＿＿＿＿＿＿％
6. 种子容器件数：麻袋＿＿＿＿＿＿＿件，聚丙烯编织袋＿＿＿＿＿＿＿＿＿件，
麻袋内衬塑料袋＿＿＿＿＿＿＿＿件，金属桶＿＿＿＿＿＿＿件
7. 其中＿＿＿＿＿＿＿＿件发往＿＿＿＿＿＿＿发运日期＿＿＿＿＿＿发运时种子含水量＿＿＿＿＿＿＿％
　　　　　　　　　　　　　　　　　　调制单位＿＿＿＿＿＿＿＿负责人＿＿＿＿＿＿＿
　　　　　　　　　　　　　　　　　　种子收购单位＿＿＿＿＿＿收购人＿＿＿＿＿＿＿
　　　　　　　　　　　　　　　　　　　　　　年　　月　　日

注：①凡集中调制林木种子的，此表分别由采种单位和调制单位填写。
　　②凡分散调制林木种子的，此表由收购单位填写。

实训 2　植物组织培养技术

一、实训目的与要求

植物组织培养综合实训是使学生学习运用组织培养等生物技术手段对林木、花卉、果树进行组培技术研究及良种快繁，学习掌握组培工厂化育苗的经营管理、组培成本核算及经济效益分析等经营管理基础知识，使所学理论知识与实践相结合，巩固和加深对新知识的理解，增强学生的动手能力，培养学生解决问题、分析问题的能力。

二、实训条件配备要求

一个普通的植物组织培养实验室，按功能可划分为准备室、培养室、无菌操作室、炼苗室、育苗大棚等分区。现按照一次性满足40名学生（2人1组）进行实践操作的要求，各分室应配备的主要设备如下：

（一）准备室

准备室的主要任务要完成器皿洗涤、培养基配制、分装、包扎、高压灭菌等环节，同时兼顾试管苗出瓶、清洗与整理工作。其主要设备有：电冰箱1台、立式高压灭菌锅2台、工作桌5张、干燥箱1台、纯水发生器1台、精密pH计1台、托盘天平10架、电子分析天平4台、电炉10个、搪瓷杯20个、洗涤用水槽及各种培养器皿、玻璃器皿等。

（二）接种室

接种室是进行无菌工作的场所，如材料的消毒接种，无菌材料的继代、生根等。其主要设备有：超净工作台20台、空调2台、医用小推车2部、接种用具20套等。

（三）培养室

培养室是植物进行无菌培养的场所，应保持清洁、干燥及隔热保温。主要设备有：光照培养架（150cm×50cm×250cm）40架、冷暖空调2台、自动定时控制器1个、温湿度计2支等。

（四）炼苗室

试管苗在出瓶种植前应先在炼苗室进行适应性培养，提高苗木的下地种植成活率。主要设备有：炼苗培养架（150cm×50cm×250cm）10架，加热器2台、遮阳网等。

（五）育苗大棚

育苗大棚应包括温室、简易大棚等。

三、实训内容与时间安排

（一）实训内容

①实训前的准备工作　实训动员，准备组织培养基配制、高压灭菌、无菌接种操作等各种仪器设备，指导学生查阅有关资料，拟定初步培养方案。
②制备外植体诱导培养基，正确使用高压灭菌锅。
③采集、整理、清洗外植体，及时进行灭菌处理。
④无菌接种操作。
⑤组培苗的移栽驯化，熟练掌握组培苗移栽驯化技术。
⑥组织培养工厂化育苗的经营与管理，合理编制年度生产计划与组培生产管理。
⑦组培工厂化育苗的成本核算与经济效益分析等。

（二）实训时间

植物组织培养实训时间为1周，具体安排如表Ⅱ-2-1：

表Ⅱ-2-1　植物组织培养综合实训时间安排表

序号	实训项目名称	时间分配（d）
1	外植体诱导培养基配制与灭菌	1.0
2	外植体的选择与灭菌	0.5
3	无菌接种操作	1.0
4	组培苗的移栽驯化	0.5
5	组培年度生产计划的编制与管理	0.5
6	组培成本核算与经济效益分析	0.5
7	提交成果、实训总结	1.0
合计		5.0

四、实训的组织与工作流程

（一）实训的组织

植物组织培养综合实训每班按40名学生计算，每2人为1组。

（二）工作流程

工作流程大致可分为五个阶段：
第一阶段：诱导培养基的配制与灭菌。
第二阶段：外植体的选择与灭菌。
第三阶段：无菌接种操作。
第四阶段：组培苗的移栽驯化。

第五阶段：组培工厂化育苗的经营与管理。

植物组织培养主要工序流程具体见图Ⅱ-2-1。

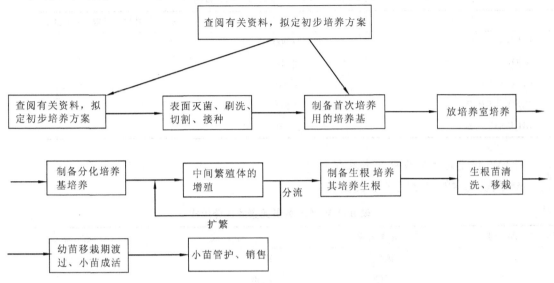

图Ⅱ-2-1　植物组织培养主要工序流程图

五、实训步骤与方法

(一)培养基的配制与高压消毒

1. 贮备液的配制与保存

在组织培养工作中，一般先按培养基配方中的试剂种类和性质配制一系列母液，配制培养基时再按比例吸取即可。母液一般配成大量元素、微量元素、铁盐、植物生长调节物质、有机物等，其中维生素、氨基酸类可以分别配制，也可以混在一起。贮备液配好后贴上标签，存放在冰箱中。现以常用的 MS 培养基为例，其各种元素的成分及配法如下：

(1) MS 大量元素的成分组成及配制

MS 大量元素组成见表Ⅱ-2-2。

表Ⅱ-2-2　MS 大量元素的成分组成

序　号	化学名称	化学式	用量(mg/L)
1	硝酸钾	KNO_3	1 900
2	硝酸铵	NH_4NO_3	1 650
3	二氯化钙	$CaCl_2 \cdot 2H_2O$	440
4	硫酸镁	$MgSO_4 \cdot 7H_2O$	370
5	磷酸二氢钾	KH_2PO_4	170

贮备液的配制(表Ⅱ-2-3)。

①用精度为 1mg 电子天平按表列顺序依次称量，分别溶解在少量蒸馏水中。

②依次混合在一起，并定容到规定的体积。

③贴好标签,保存在冰箱中。

表Ⅱ-2-3 MS 大量元素贮备液的配制

成　分	用量(mg/L)	每升培养基取用量(mL)
NH_4NO_3	33 000	
KNO_3	38 000	
$CaCl_2 \cdot 2H_2O$	8 800	50
$MgSO_4 \cdot 7H_2O$	7 400	
KH_2PO_4	3 400	

(2)MS 微量元素的成分组成及配制

MS 微量元素的成分组成见表Ⅱ-2-4。

表Ⅱ-2-4 MS 微量元素的成分组成

序　号	化学名称	化学式	用量(mg/L)
6	碘化钾	KI	0.83
7	硼酸	H_3BO_3	6.2
8	硫酸锰	$MnSO_4 \cdot 4H_2O$	22.3
9	硫酸锌	$ZnSO_4 \cdot 7H_2O$	8.6
10	钼酸钠	$Na_2MoO_4 \cdot 2H_2O$	0.25
11	硫酸铜	$CuSO_4 \cdot 5H_2O$	0.025
12	氯化钴	$CoCl_2 \cdot 6H_2O$	0.025

贮备液的配制(表Ⅱ-2-5):

①用精度为0.1 mg 的分析天平按表列顺序依次称量,分别溶解在少量蒸馏水中。

②依次混合在一起,并定容到规定的体积。

③贴好标签,保存在冰箱中。

表Ⅱ-2-5 MS 微量元素贮备液的配制

成　分	用量(mg/L)	每升培养基取用量(mL)
KI	166	
H_3BO_3	1 240	
$MnSO_4 \cdot 4H_2O$	4 460	
$ZnSO_4 \cdot 7H_2O$	1 720	5
$Na_2MoO_4 \cdot 2H_2O$	50	
$CuSO_4 \cdot 5H_2O$	5	
$CoCl_2 \cdot 6H_2O$	5	

(3)MS 铁盐的成分组成及配制

MS 铁盐的成分组成见表Ⅱ-2-6。

表Ⅱ-2-6　MS铁盐的成分组成

序　号	化学名称	化学式	用量(mg/L)
13	乙二胺四乙酸二钠	Na$_2$·EDTA	37.3
14	硫酸亚铁	FeSO$_4$·7H$_2$O	27.8

贮备液的配制(表Ⅱ-2-7)：
①用精度为0.1 mg的分析天平按顺序依次称量，分别溶解在各自的450mL蒸馏水中，适当加热并不停搅拌。
②然后将两种溶液混合在一起。
③调整pH值到5.5。
④加蒸馏水定容到1L的体积。
⑤贴好标签，保存在冰箱中。

表Ⅱ-2-7　MS铁盐贮备液的配制

成　分	用量(mg/L)	每升培养基取用量(mL)
FeSO$_4$·7H$_2$O	5 560	5
Na$_2$·EDTA	7 460	

(4) MS有机物的成分组成及配制

MS有机物的成分组成见表Ⅱ-2-8。

表Ⅱ-2-8　MS有机物的成分组成

序　号	化学名称	用量(mg/L)
15	肌醇	100
16	甘氨酸	2
17	盐酸硫胺素	0.1
18	盐酸吡哆醇	0.5
19	烟酸	0.5

贮备液的配制(表Ⅱ-2-9)：
①用精度为0.1 mg的分析天平按表列顺序依次称量，分别溶解在少量蒸馏水中。
②依次混合在一起，并定容到规定的体积。
③贴好标签，保存在冰箱中。

表Ⅱ-2-9　MS有机物贮备液的配制

成　分	用量(mg/L)	每升培养基取用量(mL)
肌醇	20 000	
烟酸	100	
盐酸吡哆醇	100	5
盐酸硫胺素	20	
甘氨酸	400	

2. 培养基的配制(每组以配制 1L 培养基为例)

①先在洁净的不锈钢锅内放入约 750mL 蒸馏水,加入所需要的琼脂和糖,加热直至琼脂完全溶化。

②按需要量加入贮备液中的大量元素、微量元素、铁盐、有机物和各种需要的植物激素。

③加蒸馏水将培养基定容到 1L 的量。

④用 1mol/L NaOH 或 HCl 调整 pH 值到所需值,通常植物体所需的 pH 值为 5.6~5.8 之间。

⑤趁热将培养基分装到各种培养容器中。分装时注意不要把培养基粘附到瓶口,以免今后引起污染。

⑥封口。培养基分装后,应立刻用封口膜或瓶盖将容器口部封严。已经分装的培养基应该做上标记,注明配制日期和培养基种类。

3. 培养基的高压灭菌

培养基分装封口后应立即灭菌。目前广泛使用的培养基灭菌法是通过高压蒸汽灭菌。其具体操作方法如下:

①灭菌锅内添加适量的水,然后将分装好的培养基放入高压灭菌锅的消毒桶内,对角拧紧螺丝,盖好灭菌锅盖;检查一下放汽阀有无故障,然后关闭放气阀。

②接通电源开关使电热管加热,当压力表指针达到 0.05MPa 时,打开放汽阀,排出锅内的冷空气使压力表指针降到 0,关闭放气阀,锅内压力上升。

③当高压锅内压力高于 0.11MPa,温度达 121℃时,拉下电源,并开始计时。当压力降到 0.11MPa,接通电源。如此反复,保持 0.11MPa 压力灭菌约 20min。

④当灭菌时间达到 20min 后,切断电源,缓缓打开放汽阀放汽,待高压锅压力表指针恢复到零后,开启压力锅并取出培养基,室温下冷却。

高压灭菌锅的放汽、加压目的都是使锅内物体均匀升温,排净空气,使压力与温度的关系相对应,保证灭菌彻底。它有几种不同的做法。

- 打开放汽阀(安全阀总是关闭的),煮沸 15 min 后再关闭;
- 打开放汽阀煮沸至大量热蒸汽喷出再关闭;
- 先关闭放气阀,待压力上升到 0.05MPa 时,打开放汽阀放出空气,再关闭。

在使用高压蒸汽灭菌锅时应注意以下几点:

- 锅中应放足量的水,以免造成空烧或干烧。
- 装锅时培养容器不要过度倾斜,以免培养基粘到瓶口或流出。
- 装锅不可过满,使锅内具一定的空间,利于热蒸汽的上下回流,达到灭菌效果。
- 增压前高压锅内的空气必须排尽,否则虽然压力能够达到要求,但温度达不到相应压力所对应的温度,并使锅内升温不均匀,影响灭菌效果。
- 在高压蒸汽灭菌过程中,应尽量保持压力恒定,严格遵守灭菌时间,压力过高或时间过长会使培养基中的一些化学成分被破坏分解,影响培养基的有效成分,同时也易使培养基 pH 值发生较大幅度的变化;压力过低或时间过短则达不到灭菌效果。
- 排汽降压时应缓慢进行,否则会引起锅内培养基减压沸腾,导致溢出。
- 只有待高压锅压力表指针恢复到零后,才能开启压力锅,以免产生危险。

•高压锅在工作过程中,应有专人看守,如发现异常情况,应及时采取措施,以免发生安全事故。

高压灭菌工作人员应严格按照高压锅操作规程进行灭菌操作,并如实填写高压灭菌锅工作记录单(表Ⅱ-2-10);准备室工作人员如实填写准备室工作人员计时登记表(表Ⅱ-2-11)。

表Ⅱ-2-10　植物组织培养压力蒸汽灭菌锅工作记录单

日期	锅序	品种	数量(瓶)	套层压力(MPa)	消毒室压力(MPa)	消毒室温度(℃)	消毒时间	保持时间	排气时间	操作人员	备注

表Ⅱ-2-11　植物组织培养准备室工作人员计时登记表

日期	工作内容	单位	时间	金额	备注
合计					

(二)外植体的选择与灭菌

1. 外植体

不同的培养目的和植物种类,所选择的外植体是不一样的。对无性系快速繁殖来说,多以顶芽或茎段比较适宜。

2. 清洗

将采集来的顶芽或茎段等外植体用浓洗衣粉水浸泡5~10min,自来水冲洗干净后备用。

3. 消毒

①将冲洗好的顶芽或茎段剪取置烧杯内,另一烧杯用70%酒精内外均消毒一遍,操作人员的手也用70%酒精消毒干净后,连外植体及烧杯一并带入接种室内。

②将顶芽或茎段放入消毒好的烧杯中,倒入70%酒精浸泡30s后,倒出酒精,倒入无菌水冲洗一遍后,捞出倒入0.1% $HgCl_2$ 中,消毒6~10min。

③将消毒过的顶芽或茎段置无菌水中,振荡数次,再捞出至另一无菌水瓶中振荡冲洗,共5~6遍,沥干,置接种盘内。

4. 接种

①将顶芽或茎段的大叶片切除不用,茎基部切除不用,保留茎尖或茎段5~10mm备用。

②将切好的茎尖或茎段迅速用镊子接入培养瓶内,与培养基紧贴,每瓶培养基接种1个外植体。

5. 培养

将接好的培养瓶取出并标记,培养瓶置黑暗条件下培养6d,培养室内温度25~28℃,

光照12h/d条件下培养。

6. 观察

将暗培养1周后的外植体置于光照下培养，观察培养结果，并将结果及时进行统计(表Ⅱ-2-12)。

表Ⅱ-2-12　外植体诱导情况统计表

消毒时间	外植体接种数	污染数	死亡数	诱导数	诱导率(%)

(三)无菌接种操作

植物组织培养无菌接种操作分为接种前的准备、接种及接种后的封口、记录等3个步骤。

1. 接种前的准备

接种人员在正式接种之前要做好准备工作，包括穿上工作服、戴上工作帽、用肥皂洗净双手、准备酒精灯、75%酒精、灭菌用纱布以及准备接种工具、分取培养基、接种用苗和工作台灭菌等。

①酒精灯用95%酒精作燃料，而非75%酒精。工作台上供灭菌用纱布的酒精浓度为75%，用于喷雾降尘的酒精浓度为75%，浸泡接种工具的酒精浓度为95%。

②工作台灭菌包括两步：一是上台前用紫外灯照射30min，二是正式接种前用75%酒精喷雾除尘，再用75%酒精纱布仔细擦一遍。

③接种盘的取放：从纸包里取出接种盘时，一定要注意，手不能接触接种盘的内边沿，同时要尽可能减少与接种盘的接触面，一般规定只能用双手的拇指和食指取放。

④接种工具灭菌也分两步，一是用灭菌纸包裹好，在高压锅里灭1次，这一步由灭菌人员负责完成；二是在工作台上，从纸包里取出后，先用75%酒精擦拭一下，再浸泡在75%酒精溶液中。每次接种前，先把接种工具放在酒精灯火焰上灼烤2遍，要求在火焰上灼烤时间不得少于5s。在工具灭菌之前，工作人员的手部，包括手腕，都要用75%酒精仔细擦拭一遍。

2. 接(转)苗

包括取苗、切苗和接苗三步。

①取苗　先把培养瓶盖口对着风源放在酒精灯的左前方，然后把瓶口在酒精灯上灼烤7~10s；正式取苗时，瓶口不要斜向外；一次取苗不可太多，以免风干。

②切苗　接种盘放在离风窗10~20cm处，不可太往外；镊子和手术刀都不可太热，最好是凉的，且在操作过程中，刀和镊子都要在接种盘斜上方操作，不可在其正上方操作；在切苗过程中产生的废物可堆放在接种盘内的一侧位置上，若非迫不得已，不可弄到接种盘外。

③接苗　培养瓶盖的放置方法及瓶口灼烤方法与取苗时的相同，烤完瓶口后，要先倒掉

瓶内多余的水分,然后再接苗;接苗时,镊子最好不要与瓶口接触,一瓶内一般接6~8丛苗,不要放得太多;组培苗在瓶内要排放均匀、整齐、美观。

3. 封口、记录

接完后,瓶盖要及时盖上,其松紧度以用手转不动为准;接种完后应及时填写接种室生产记录表(表Ⅱ-2-13);接种室工作人员填写接种室苗木抽查表(表Ⅱ-2-14);培养室工作人员如实填写培养室继代材料登记表(表Ⅱ-2-15)和培养室生根材料登记表(表Ⅱ-2-16)。离开之前还要把工作台收拾干净,把接种过程中产生的废物及时清理掉,台上的物品也要摆放整齐。

表Ⅱ-2-13 植物组织培养接种室生产记录表

接种日期	植物代码	自检	复检				母瓶领用数量	返回数量	实际使用数量	备注
			复检1	签名	复检2	签名				
合计										

表Ⅱ-2-14 植物组织培养接种室苗木抽查表

编号	抽查情况	抽查结果	合格率

表Ⅱ-2-15 植物组织培养培养室继代材料登记表

日期	班次	进入(瓶)	支出(瓶)			房间余额(瓶)
			母种	感染	作废	
合计						

表Ⅱ-2-16 植物组织培养培养室生根材料统计表

日期	班次	进入(瓶)	支出(瓶)			房间余额(瓶)
			炼苗	感染	作废	
合计						

（四）组培苗的移栽驯化

1. 炼苗

将已生根的组培苗从培养室取出，放在自然条件下炼苗 7~10d，然后打开瓶盖，再炼苗 1~2d。

2. 基质灭菌

将黄心土、粗砂、蛭石或珍珠岩按一定的比例混合分别用聚丙烯塑料袋装好，用 0.03% 高锰酸钾溶液淋透或用 800~1 000 倍百菌清、多菌灵、托布津溶液淋透灭菌。

3. 试管苗清洗

用镊子将试管苗轻轻取出，放入清水盆中，小心洗去根部琼脂，然后捞出，放入干净的小盆中。

4. 移栽

用竹签在基质上打孔，将小苗栽入育苗袋中，轻轻覆盖、压实。栽植深度以泥土盖过芽苗的出根部位为宜，随栽随浇水并覆盖薄膜、遮阳网保湿遮阴。

5. 记录

种植后注意控制好温度、湿度和光照强度，并将种植结果及时统计到表中（表Ⅱ-2-17）。

表Ⅱ-2-17　组培苗下地种植情况统计表

基质种类	种植数	成活数	成活率(%)	组培苗长势

（五）组培年度生产计划的编制与管理

生产计划是根据市场需求和经营决策对未来一定时期的生产目标和生产活动所做的事前安排。根据市场供需情况制定出适宜的生产规模后，按照增殖数计算出需要多少个培养周期及相应的时间，以便安排增殖、生根、炼苗、移栽等具体的生产计划。一般来说，工厂化生产试管苗的年增殖数取决于一年内可繁殖几个周期、每周期增殖的倍数、无菌母株数。

① 年增殖数

$$y = m \times x^n$$

式中　y——年增殖数(株)；

　　　m——无菌母株数(株)；

　　　x——每周期增殖的倍数；

　　　n——一年内可繁殖几个周期。

实际年产苗数量 = 全年出瓶苗数 × 移栽成活率

限制增殖的瓶数，并按具体情况定出增殖与生根的比例，使工作顺利进行。

存架增殖总瓶数计算如下：

$$T = W \times S$$

式中　T——存架增殖总瓶数；

W——增殖周期内工作日天数;
S——每工作日需用的母株瓶数。
每天接种生根的株数便是今后每天出瓶苗数。
②全年出瓶苗数(P)
P = 全年总工作日 × 平均每工作日出瓶小植株数 × (1 - 损耗率10%)

按公式计算的数字控制增殖总瓶数,可以使处于增殖阶段的苗子在1个周期内全部更新一次培养基,使苗子全部都处于不同生长阶段的最佳状态。

(六)组培成本核算与经济效益分析

1. 成本核算的方法

植物组织培养工厂化育苗生产成本包括直接成本和间接成本。

①直接成本 是直接用于试管苗生产的各项费用,包括化学试剂、有机成分、植物激素、蔗糖、琼脂、农药、化肥、水电费、种苗费,以及生产人员工资、各种办公费用、奖金、津贴、福利、补贴等。

②间接成本 是不能直接计入生产成本,只有按一定标准进行分摊后才能计入产品生产成本的费用,包括仪器、设备、房屋、温室、塑料大棚、玻璃器皿、金属器械、花盆、基质、塑料袋等折旧消耗,以及管理相关人员的工资、福利、补贴等。

期间费用是为组织管理生产经营活动而发生的各项费用,应按发生时间和实际发生额确认,计入当期损益。

①销售费用是销售产品或提供劳务所发生的各项费用,如销售过程中发生的运杂费、保险费、展览费、广告费、销售人员工资等。

②管理费用是为组织生产所发生的费用,包括管理人员工资、职工教育培训费、劳保费、招待费、车船使用税、技术转让费、无形资产摊销、存货盘亏等。按发生时间和实际发生额确认,计入当期损益。

③财务费用是为筹措资金而发生的支出,包括利息支出、汇兑损失及有关手续费等。

$$试管苗生产成本 = 生产直接成本 + 生产间接成本$$

2. 利润核算

利润是一个重要的效益指标和经济效果评价指标,利润的高低直接反映企业经营管理水平、市场竞争能力以及对各生产要素的利用程度。

$$利润 = 销售收入 - 生产成本 - 期间费用$$

六、实训结果与考核

(一)考核方式

植物组织培养技术综合实训考核方式包括过程考核和结果考核两部分,其中过程考核占30%,结果考核占70%。

(二)实训成果

每人应上交综合实训报告1份,其内容包括如下:

①外植体诱导培养基配制及高压灭菌方法；
②外植体的选择与灭菌方法；
③无菌接种操作技术，应注意的事项；
④组培苗的移栽驯化技术；
⑤编制组培年度生产计划及经营管理；
⑥组培生产成本核算及经济效益分析。

(三)成绩评定

实训结束后根据学生的实践操作熟练程度及组培成果；组织纪律；工作态度；爱护仪器和工具五个方面由指导教师综合评定成绩。通过综合评分划分等级分：优秀、良好、及格、不及格四级制，标准如下：

优秀(85～100)：熟练掌握组培各项技能操作；外植体诱导率达到60%以上，无菌接种污染率不高于3%，组培苗种植成活率达90%以上；有严格的组织纪律性和工作态度，爱护公物。

良好(70～84)：能较为熟练掌握组培各项技能操作，步骤合理、规范；外植体诱导率达50%以上，接种污染率不高于5%，组培苗种植成活率达85%以上；有较强的组织纪律和工作态度，爱护公物。

及格(60～69)：基本掌握组培各项技能操作，步骤较为合理，不出大的差错；外植体诱导率达30%以上，接种污染率不高于10%，组培苗种植成活率达60%以上；组织纪律性和工作态度一般。

不及格(60以下)：组培技能操作步骤不合理，有明显的操作失误；外植体诱导率低于30%，接种污染率高于10%，组培苗种植成活率低于60%；组织纪律和工作态度差，不爱护公物财物。

七、说明

①本操作规程所列的各项仪器设备按一个班级40名学生，每2名为1组的标准配置。

②植物组织培养实训基地建设遵循"六化"原则，环境真实化、功能系列化、管理企业化、设备生产化、人员职业化、运作市场化，确保基地功能的发挥与实现。学生在综合实训过程中能够体验企业工作环境，毕业后能尽快适应岗位需要，开展工作，实现"零距离就业"。

③实训基地配置的各项仪器设备除满足植物组织培养实践教学需要外，还可为学生参加勤工俭学提供绿色通道。

④本综合实训操作规程主要面向林业技术、生物技术及应用、园林技术等相关专业学生植物组织培养实践教学使用。

实训 3　苗木生产技术

一、实训目的及要求

苗木生产技术综合实训是让学生运用课堂和圃地实践所学过的理论知识与实践技能，根据既定的育苗任务和圃地自然条件在教师的指导下编制育苗年度计划，进行育苗技术设计、育苗成本和效益核算；进行各种育苗方法、育苗技术、苗木抚育管理的施工操作，以进一步巩固理论知识，提高实践动手能力，并能独立解决实训过程中的技术问题。

二、实训条件配备要求

（一）场地条件

有小型（土地总面积 7hm² 以下）的苗圃。

（二）资料条件

苗圃的基本情况、育苗任务书（包括树种、苗木种类、育苗面积、计划产苗量、苗龄等）、苗木规格标准表、播种量参考表、各种物质（如种子、物、肥、药品）价格参考表、育苗作业定额参考表、各项工资标准、单位面积物质（物、肥、药品）需要量定额参考表、国家或地方育苗技术规程等。

（三）仪器、工具、材料条件

皮尺、钢卷尺、锄头、平耙、锹、划行器、镇压板、盛种容器、播种机具、筛子、簸箕、塑料薄膜或稻草、草帘、修枝剪、切条器、钢卷尺、盛条器、喷水壶、铁锹、平耙、嫁接刀、湿布、塑料绑带、油石、称量器具、烧杯等；林木种子（大、中、小粒种子各 1 种），本地区常用林木插穗 5~6 种，采条母树、砧木；药品（福尔马林、高锰酸钾、敌克松）、生根粉或萘乙酸、酒精。

三、实训内容与时间安排

（一）实训内容

1. 苗木生产技术设计

（1）实训前的准备工作
①借用实训仪器工具材料；②进行实训动员和业务培训、人员组织分工；③选择实训苗圃；④指导学生借阅收集实训有关资料。

（2）苗圃调查和资料收集
①苗圃踏查；②苗圃土壤、病虫害、气象因子调查；③苗圃自然和经营条件资料收集。

(3) 育苗技术设计

①育苗面积计算；②育苗技术设计(含各类设计表)；③育苗成本计算。

2. 育苗施工

采用以下3种方法。

①播种育苗；②扦插育苗；③嫁接育苗。

(二) 实训时间

苗木生产技术综合实训时间为5d，具体安排如表Ⅱ-3-1：

表Ⅱ-3-1 苗木生产技术实训时间安排表

序 号	实训项目名称	时间分配(d)
1	实训前准备工作	0.5
2	苗圃调查和资料收集	0.5
3	育苗技术设计	2.0
4	育苗施工	2.0
合 计		5.0

四、实训的组织与工作流程

(一) 实训组织

根据同学业务水平和身体素质，合理调配实训小组人员组成，每组由5名学生组成，确定1名为小组长，协助指导教师进行实训过程的组织管理。每班配备1~2名实训指导教师。

(二) 工作流程图

本实训的具体工作流程见图Ⅱ-3-1至图Ⅱ-3-4。

五、实训步骤与方法

(一) 苗木生产技术设计

1. 准备工作

①选择实训苗圃 可选学院苗圃作为实训基地。

②业务培训、人员组织 进行业务培训、人员分组分工，制定工作计划。

③资料收集 苗圃的基本情况、育苗任务书(包括树种、苗木种类、育苗面积、计划产苗量、苗龄等)、主要造林树种播种量参考表、主要造林树种苗木等级表、各种物质(如种子、物资、肥料、药品)价格参考表、育苗作业定额参考表、各项工资标准、单位面积物质(物料、肥料、药品)需要量定额参考表、国家或地方育苗技术规程等。

④准备苗木生产技术设计用表 《育苗所需劳力及工资表》《种子需要量及其费用表》《插穗需要量及其费用表》《物料、肥料、药剂消耗量及其费用表》《年度育苗生产计划表》《育苗作业总成本表》《树种育苗技术措施一览表》《年度苗圃资金收支平衡表》。

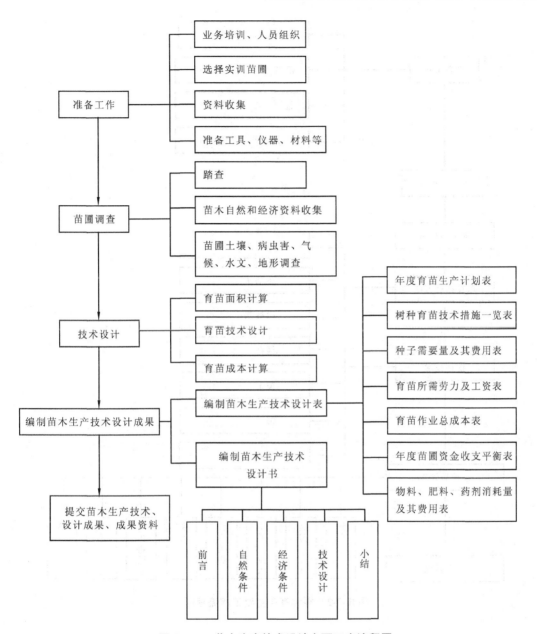

图Ⅱ-3-1 苗木生产技术设计主要工序流程图

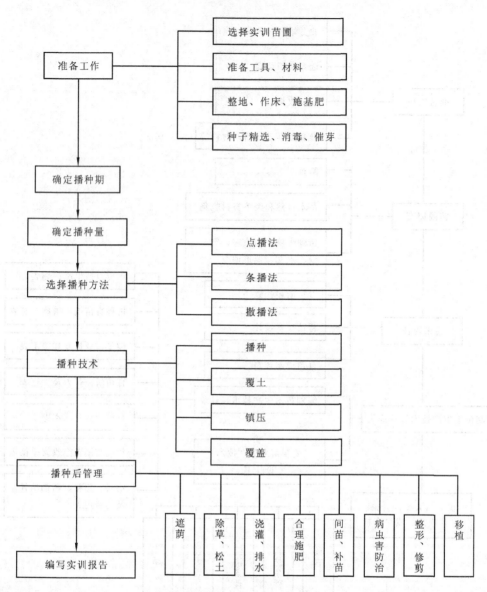

图 Ⅱ-3-2　播种育苗主要工序流程图

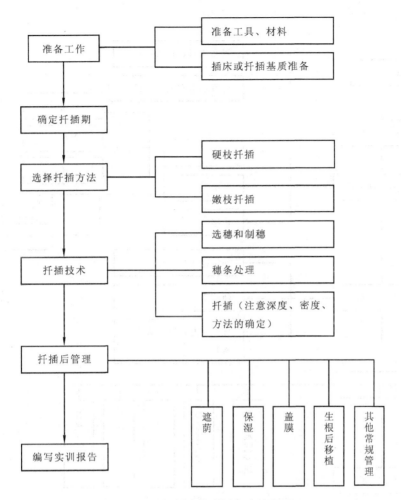

图 Ⅱ-3-3　扦插育苗主要工序流程图

⑤准备工具、仪器、材料　以组为单位配备皮尺、钢卷尺、锄头、平耙、划行器、镇压板、盛种容器、播种机具、筛子、簸箕、塑料薄膜或稻草、草帘、修枝剪、切条器、钢卷尺、盛条器、喷水壶、铁锹、平耙、嫁接刀、湿布、塑料绑带、油石、称量器具、烧杯等；林木种子(大、中、小粒种子各1种)，本地区常用林木插穗5~6种，采条母树、砧木；药品(福尔马林、高锰酸钾、敌克松)、生根粉或萘乙酸、酒精。

2. 苗圃调查

①踏查　安排学生到已确定的实训苗圃进行实地踏勘和调查访问工作，概括了解苗圃的现状、历史、地势、土壤、植被、水源、交通、病虫害等自然条件和居民点、交通等社会经济条件，获取苗木生产技术设计的基础资料。

②土壤调查　根据圃地的自然地形、地势及指示植物的分布，选定典型地区，分别挖取土壤剖面[一般可按1~5hm² 设置1个剖面，但不得少于3个，剖面规格：长1.5~2m，宽0.8m，深至母质层(最浅1.5m)]，记录剖面位置及编号(用草图示例)，观察并按层次记载土壤颜色、土层厚度、质地、结构、酸碱度(pH值)、地下水位、湿度、结持力、石砾含量、植物根系分布及整个剖面形态特征等，并确定其土壤的土类、亚类、土种名称。必要时

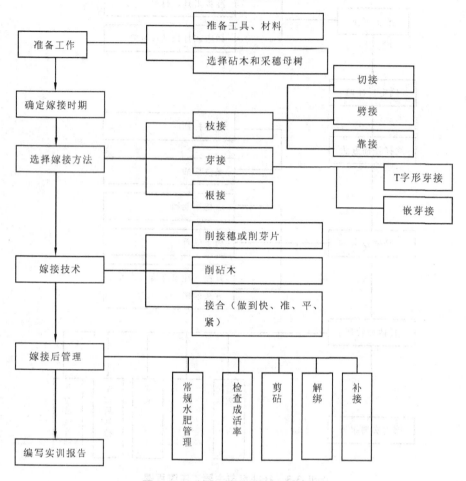

图 Ⅱ-3-4 嫁接育苗主要工序流程图

可分层采样进行分析，弄清圃地内土壤的种类、分布、肥力和土壤改良的途径，并在地形图上绘出土壤分布图，以便合理使用土地，提出土壤改良工程项目。

③病虫害调查　主要调查圃地内的土壤地下害虫，如金龟子、地老虎、蝼蛄等。采用挖土坑分层调查。样坑面积 1.0m×1.0m，坑深挖至母岩。样坑数量：5hm² 以下挖 5 个土坑；6~20hm² 挖 6~10 个土坑；21~30hm² 挖 11~15 个土坑；31~50hm² 挖 16~20 个土坑；50hm² 以上挖 21~30 个土坑。土坑调查病虫害的种类、数量、危害植物程度、发病史和防治方法。通过调查提出病虫害防治工程项目。并通过前作物和周围树木的情况，了解病虫感染程度，提出防治措施。

④气象资料收集　向当地的气象台或气象站了解有关的气象资料，如生长期、早霜期、晚霜期、晚霜终止期、年平均气温、月平均气温、极端最高和最低的气温、表土层最高及最低温度、日照时数及日照率、冻土层深度、年降雨量及各月分布情况、最大一次降雨量及降雨历时数、最长连续降水日数及其量和最长连续无降水量日数、空气相对湿度、风力、平均风速、主风方向、降雪与积雪日数及初终期和最大积雪深度、当地小气候情况等。

3. 技术设计

①育苗面积计算 可根据育苗任务，参照各个植物产苗量定额，分别计算出育苗所需的面积，各个林木育苗面积之和为育苗所需总面积，为了保证完成育苗任务，育苗所需面积应比计算值增加10%~15%。

②育苗技术设计 这是课程设计最重要的部分，设计的中心思想应该是以最少的费用，从单位面积上获得优质高产的苗木。为此要充分运用所学理论，根据苗圃地的条件和树种特性，吸取生产实践的先进经验，拟定出先进的、正确的技术措施。技术设计要分别每个树种顺序说明育苗各个工序的技术措施，并扼要说明采取这些措施的理由。如两个树种育苗某个工序在措施上与另一植物相同时，可略，注明参照××树种便可。

• 培育1年生播种苗，大致可分4个大工序

整地、施基肥、作床：要说明整地时间、要求，施用基肥种类、数量和方法，苗床长度、宽度、高度，步道沟、边沟、中沟的宽度和深度。

播种和播种地管理：制定播种前种子处理的方法，播种方法、播种时期、播种量等，播种地管理主要拟定覆盖物、灌溉、除草、揭草等措施。

苗木抚育：拟定除草、松土、灌溉、追肥、间苗、遮阴和病虫害防治等抚育措施，要说明各项措施进行的具体要求。

苗木出圃：拟定起苗、分级、统计、假植、包装等措施。

• 培育1年生扦插苗，可按下列5个大工序进行

枝条的采集和插穗截取：说明采条母树来源和选择，采集时期，插穗截取方法（长度、粗度、切口部位、形状等）。

整地、施基肥和作床：叙述和分析的项目同播种苗培育。

扦插：扦插前对插穗的处理，扦插时期，扦插株行距，扦插深度。

苗木抚育：根据扦插苗培育特点，在抚育内容中有针对性选择叙述。

苗木出圃：与播种苗培育相同（注：其他育苗方法也相应地依具体情况进行育苗技术设计）。

③育苗的投资和苗木成本计算 育苗成本包括直接成本和间接成本，直接成本指育苗所需的劳动工资、种子、肥料和药剂等费用，间接成本指基本建设折旧费，工具折旧费和行政管理费等。

• 育苗所需劳力及其工资 要按苗木种类分别每个工序所需要的劳力和工资填入表Ⅱ-3-2。

表Ⅱ-3-2 育苗所需劳力及工资表

苗木种类	工作项目	工作量（亩*）	劳动定额（工/亩）	总需工数	每工工资（元）	工资额（元）
(1)	(2)	(3)	(4)	(5)=(3)×(4)	(6)	(7)=(5)×(6)

---

* 1 亩 = 1/15hm^2

表中苗木种类按林木种类填写，工作项目按工序填写，劳动定额从所发参考资料查得。

● 种子和插穗需要量及其费用　种子、插穗需要量及费用按(表Ⅱ-3-3、Ⅱ-3-4)内容计算和填写。

表Ⅱ-3-3　种子需要量及其费用表

树种	播种面积(hm^2)	每亩播种量(kg)	种子需要量(kg)	每千克种子单价(元)	种子总费用(元)
(1)	(2)	(3)	(4)=(3)×(2)	(5)	(6)=(5)×(4)

表Ⅱ-3-4　插穗需要量及其费用表

树种	扦插面积(hm^2)	扦插株行距(cm)	所需插穗数量(根)	插穗单价(元)	插穗总价(元)
(1)	(2)	(3)	(4)	(5)	(6)=(5)×(4)

● 物料、肥料、药剂的消耗量及其费用　物料是指一些消耗的育苗材料，如覆盖稻草、草绳等；肥料是指基肥和追肥；药剂则包括播种前对种子的处理或对插穗的处理以及防治病虫害所需的各种药剂，以上各项费用，按苗木种类分别计算填入表Ⅱ-3-5。

表Ⅱ-3-5　物料、肥料、药剂消耗量及其费用表

树种	品名	施用次数	每公顷用量	施用面积(hm^2)	总用量	单价(元)	总价(元)
(1)	(2)	(3)	(4)	(5)	(6)	(7)	(8)

● 间接成本　在生产上都要按实际计算，在本课程设计中，为了简化工作量，可由参考资料中查得。然后将间接成本总值按各个林木育苗面积多少进行分摊。

● 育苗成本总计　把上述各项费用相加，就是各个林木的育苗成本，并填写育苗作业总成本表(表Ⅱ-3-9)。

表Ⅱ-3-9　育苗作业总成本表

树种	施业别	育苗面积(亩)	产苗量(株)	用工量(工)				直接费用(元)								直接成本(元)				总成本(元)		备注
				人工	畜工	机械工	小计	作业费			种苗费	物料费	肥料费	药剂费	共同生产费	小计	千株成本(元)	管理费	折旧费(元)	总费用	千株成本	
								人工费	畜工费	机工费												
(1)	(2)	(3)	(4)	(5)	(6)	(7)	(8)	(9)	(10)	(11)	(12)	(13)	(14)	(15)	(16)	(17)	(18)	(19)	(20)	(21)	(22)	(23)

4. 编制苗木生产技术设计成果

①编制苗木生产技术设计书 设计书是苗木生产组织和施工的依据,它与设计表是苗木生产技术设计两个不可缺少的组成部分。表格中表达不出的内容,都必须在设计书中加以阐述。设计书包括以下几个部分:

- 前言 简要地叙述林木种苗培育在我国社会主义林业建设中的重要意义,本课程设计遵循的原则和包括内容等。
- 总论 主要叙述苗圃所在地区的经营条件和自然条件,并分析其对育苗工作的有利和不利因素,以及相应的改造措施。

经营条件:苗圃位置及当地居民的经济、生产及劳动力情况;苗圃的交通条件;动力和机械化条件;周围的环境条件(如有无天然屏障、天然水源等),苗圃所属性质和规模(包括组织领导,面积大小等)。

自然条件:叙述和分析苗圃的所在地的气候、地形、土壤、水源、病虫害和杂草植被等情况。这些基本情况,可从所收集的资料中查得,但对这些资料要进行分析,分析在所指定的地点育苗,有哪些有利条件和不利条件,及对育苗技术的影响(经营条件和自然条件两方面),如何充分发挥有利条件和克服不利条件等。

- 技术设计(重点部分,详见本实训相关内容)

育苗面积计算

育苗技术设计

a. 培育1年生播种苗;

b. 培育1年生扦插苗等。

育苗的投资和苗木成本计算

a. 育苗所需劳力及其工资;

b. 种子和插穗需要量及其费用;

c. 物料、肥料、药剂的消耗量及其费用;

d. 间接成本;

e. 育苗成本总计。

②编制各类苗木生产技术设计表 具体包括《育苗所需劳力及工资表》《种子需要量及其费用表》《插穗需要量及其费用表》《物料、肥料、药剂消耗量及其费用表》《育苗作业总成本表》(表Ⅱ-3-5)《年度育苗生产计划表》(表Ⅱ-3-6)《树种育苗技术措施一览表》(表Ⅱ-3-7)《年度苗圃资金收支平衡表》(表Ⅱ-3-8)等设计表。

表Ⅱ-3-6 年度育苗生产计划表

树种	育苗业别	施面积(亩)	计划产苗量(千株)			苗木质量(cm)			种苗量(kg)	物料量						肥料量(kg)			药料量(kg)				用工量(个)			备注
			小计	合格苗	留圃苗	地径	苗高	根长		沙子(m³)	稻草绳(m³)	草秸(m³)	苇帘(张)	草帘(张)	木桩或铁丝(kg)	堆肥	硫酸铵	过磷酸钙	硫酸亚铁	硫酸铜	生石灰	除草醚	人工	畜工	机械工	
(1)	(2)	(3)	(4)	(5)	(6)	(7)	(8)	(9)	(10)	(11)	(12)	(13)	(14)	(15)	(16)	(17)	(18)	(19)	(20)	(21)	(22)	(23)	(24)	(25)	(26)	(27)	(28)

表Ⅱ-3-7 树种育苗技术措施一览表

顺序	作业项目	时间	方法	次数	质量要求

表Ⅱ-3-8 年度苗圃资金收支平衡表

种类	收入项目		收入(元)	支出项目(元)	收支相抵后盈亏(元)
	产苗量(千株)	单价(元/千株)			

(二)育苗施工

1. 播种育苗

(1)种子的准备

①精选种子 用风选、筛选、水选、粒选等方法对种子进行精选。在对种子进行催芽处理前,对落叶松种子尤其是经过长时间贮藏的种子,要进行净种,清除杂物及没有生命力的种子,进一步提高种子的净度,以便于确定合理的播种量。

②种子消毒

高锰酸钾:用0.5%的高锰酸钾浸种2h,密闭0.5h,取出洗净阴干待播。

福尔马林:用0.15%的福尔马林溶液(40%的福尔马林1份加水266份)浸种15~30min,然后取出密封2h,摊开阴干即播。

退菌特:用80%退菌特800倍液浸种15min。

③种子催芽

混沙催芽:将种子用温水浸泡1昼夜使其吸水膨胀后将种子取出,以1:3~5倍的湿沙混匀,置于背风、向阳、温暖(一般15~25℃)地方,上盖塑料薄膜和湿布催芽,待有30%种子咧嘴时播种。

水浸催芽:有温水、冷水、热水浸种。一般浸种水温45℃,浸种时间24h左右。将5~10倍于种子体积的温水或热水倒在盛种容器中,不断搅拌,使种子均匀受热,自然冷却。然后捞出水浸后的种子,放在无釉泥盆中,用湿润的纱布覆盖,放置温暖处继续催芽,注意每天淋水或淘洗2~3次;或将浸种后的种子与3倍于种子的湿沙混合,覆盖保湿,置温暖处催芽。应注意温度(25℃)、湿度和通气状况。当1/3种子"咧嘴露白"时即可播种。

机械破皮催芽:在砂纸上磨种子,用铁锤砸种子,适用于少量的大粒种子的简单方法。

其他催芽:用生长素、药剂、激光、红外线等方法催芽。

(2)播种地的准备

①清理　清除圃地上的石块、树枝、杂草等杂物。

②整地　包括翻耕、耙地、平整、镇压。整地时间以秋季翻耕效果好。如春季起苗,应在起苗后立即深翻,应全面耕到,耕地深度适宜,做到三耕三耙,在耕地后及时进行耙地,耙实耙透,做到平、松、匀、碎;耙地后,如土壤较干燥,应进行镇压。

③做床　高床床面要高出步道 15~30cm。砂壤土低些,黏壤土高些。床宽 1~1.5m;床长:手工作业的 10~20m,机械作业的可达数十米;床间步道 30~50cm。技术要点:先按床要求的规格定点、划印、定线,如做高床,要将步道土翻到床上,按规格平整好床的两侧;如做低床心土堆床埂。无论高床或是低床,床面要求细碎、平整、疏松、无积水。苗床方向应有利于苗木遮阴、防寒等,平地以东西向为宜,坡地与等高线平行。

④土壤消毒　为防止病、虫害发生,在做床、做垄前常用药剂消毒。主要方法如下:

硫酸亚铁:晴天可配成 2%~3% 的溶液喷洒于播种床,用量为 9g/m²;雨天用细干土配成 2%~3% 药土,每亩用量 15~20kg。亦可在播种前灌底水时溶于蓄水池中,也可与基肥混拌使用。

必速灭:将待消毒的土壤或基质整碎整平,撒上必速灭颗粒,用量为 15g/m²,浇透水后覆盖薄膜。3~6d 后揭膜,再等待 3~10d,并翻动 2~3 次。

⑤施基肥改土　圃地土壤瘠薄的要逐年增施有机肥料,适当配入无机磷肥;土壤偏沙性的混拌泥炭土;偏黏的混沙;偏酸的施石灰、草木灰等;偏碱性的混拌生石膏或泥炭土、松林土。盐碱地区的圃地修筑台田、条田及挖排水沟。土壤条件准备和种子的准备要齐全,要一致,切勿影响正常播种期。

(3)确定播种期

根据育苗树种特性和当地气候条件,确定播种期。春季要适时早播,当土壤5cm深处的地温稳定在 10℃ 左右时,即可播种。对晚霜敏感的树种应适当晚播;秋(冬)播种要在土壤结冻前播完,土壤不结冻地区,在树木落叶后播种;夏季成熟易丧失发芽力的种子,宜随采随播。

(4)确定播种量

按下式计算播种量:

$$X = C \cdot \frac{A \cdot W}{P \cdot G \cdot 1\,000^2}$$

式中　X——单位面积(或单位长度)实际所需播种量(kg);

A——单位面积(或单位长度)的产苗量;

W——千粒重种子的重量;

P——种子净度;

G——种子发芽势;

C——损耗系数。

式中损耗系数 C 的取值,根据种粒大小、圃地环境条件、育苗技术和经验确定。并按床或米计算好播种量。

(5)播种技术

①播种方法

撒播：适用于小粒和极小粒种子。条播：适用于中小粒种子。目前生产上多用，一般多采用宽幅条播（即条宽10～15cm），行距10～25cm，条沟深度一般为种子直径的2～3倍。点播：适用于大粒种子。

②播种程序

播种：先将种子按床的用量进行等量分开，用手工进行播种。按种实的大小确定播种方法。撒播时，为使播种均匀，可分数次播种，要近地面操作，以免种子被风吹走；若种粒很小，可提前用细沙或细土与种子混合后再播。条播或点播时，要先在苗床上按一定的行距拉线开沟或划行，开沟的深度根据土壤性质和种子大小而定，将种子均匀地撒在或按一定株距摆在沟内。

覆土：播后应及时覆土，覆土厚度为种子直径的1～3倍。一些极细小的种子如桉树种子可以不覆土，但播种后必须用塑料膜覆盖保湿。覆土应选用疏松的土壤或细沙、草木灰、椰糠、泥炭、黄心土等，不宜选取用黏重的土壤。

镇压：镇压使种子与土壤紧密结合，使种子充分吸水膨胀，促进发芽。镇压应在土壤疏松、上层较干时进行，土壤黏重不宜镇压，以免影响种子发芽。催芽播种的不宜镇压。

覆盖：播种后，用薄膜、遮阳网等覆盖，保持土壤湿度，防止雨淋及调节温度等作用，但幼苗出土后覆盖物应及时撤除。最后插牌，注明树种、播期、负责班组。

③播种期管理　从播种到出苗，应做好播种期各项管理，确保出苗快、齐、匀、全、壮。具体应进行如下管理：

撤除覆盖物：在种子发芽时，应分批分期撤除覆盖物。若用塑料薄膜覆盖，当土壤温度达到28℃时，要掀开薄膜通风，幼苗出土后撤出。

喷水：一般播种前应灌足底水，在不影响种子发芽的情况下，播种后可尽量不灌水。出苗前，如苗床干燥也应适当补水，常采用喷灌的方式。

松土除草：田间播种，幼苗未出土时，如因灌溉使土壤板结，应及时松土；秋冬播种早春土壤刚化冻时应进行松土；松土不宜过深，结合松土除去杂草。

（6）苗期管理

①撤除覆盖物　据种子萌发情况分批分期及时撤除覆盖物。

②遮阳　据外界环境和不同树种苗木生态特性进行合理遮阴，及时、科学调整遮阴透光度。

③松土除草　幼苗出齐后应及时进行松土除草，两者结合进行。据土壤、环境、苗木和杂草生长情况播种苗整个苗木生长期间一般进行6～8次。撒播苗只除草不松土。施用除草剂时，第一次在播种后立即进行，然后每隔30～40d施用第二次或第三次，结合人工除草1～2次。除草应掌握"除小、除早、除了"的原则，对水沟、步道、圃地周围的杂草都应清除干净。松土除草后应立即灌溉，并保护好苗木的根系。

④追肥　在幼苗出土后的1个月即开始追肥，在幼苗期和速生期前期每隔15～30d追肥1次，在苗木生长停止前1个月结束。追肥方法采用沟施、浇灌、撒施等，以速效肥为主，并应做到"从稀到浓、薄肥勤施、适时适量、分期巧施"。

⑤浇水　应根据苗木生长情况和气候、土壤等及时安排灌溉。可用喷灌、浇灌、浸盆等方式进行。在出苗期和生长期的灌溉应掌握"少量多次"的原则，在速生期则应"多量少次"。灌水应适时适量和防止水滴冲劲过大。降雨或灌溉后应及时排除圃地积水。

⑥幼苗移植　应根据苗木稀密适时进行幼苗移栽。

⑦病虫害防治　为预防幼苗病害和虫害发生，在幼苗全部出齐后每周应喷洒一次波尔多液，整个生长期用药5~7次，质量分数0.5%~1%，做到由稀到浓。如发现地老虎等地下害虫，应及时用50%的马拉硫磷乳油800倍液在植株间浇灌，或饵料诱杀结合人工捕捉方法防治虫害。有病虫害的苗木或盆栽应及时隔离。

表Ⅱ-3-10　播种后发芽情况记载表

树种：　　　　播种粒数：　　　　播种日期：　　　　开始发芽日期：

观察日期	发芽日期	发芽数	场圃发芽率(%)

小组：　　　　　　　　　　　　　　　　　　　　　　　　　　填表人：

2. 扦插育苗

(1) 插床的准备

整地、作苗床、以通气性好的沙床为主（可参照播种育苗部分）。

(2) 扦插技术

①硬枝扦插

• 选条和剪穗

选条：采穗应从无病虫害、生长发育健壮的1年生苗、1年生萌芽条或壮龄母树上剪取生长发育良好的1年生木质化枝条或苗干，有条件的应从采穗圃中采条。落叶树种在秋季落叶后到春季树液开始流动前的休眠期均可采条；常绿树种则多在芽苞开放前为宜。

剪穗：剪穗应使切口平滑，容易愈合。落叶阔叶树应先剪去梢端过细部分及基部无芽部分，用中段截制成长度15~20cm，粗0.5~2.0 cm，具有2~3个芽子，上切口最好距上芽1 cm左右处平剪，下切口在下芽下0.5 cm处斜剪成马蹄形，插穗上的芽全部保留；常绿阔叶树的插穗长度为10~25 cm，并剪去下部叶片，保留上端1~3节的叶片（或剪半叶）；针叶树的插穗，仅选枝条顶部，应剪成长10~15 cm，粗度在0.3 cm以上，并保留梢端的枝叶。

• 贮穗　秋采春插的穗条要用湿润的细沙在沟内层积贮藏。

• 扦插

扦插时间：依树种和园林植物种类不同而异，春、夏、秋均有采用。

扦插方法：直插、斜插、沟插等。

扦插密度：根据育苗地区、树种、育苗方法、育苗年限、土质好坏等加以确定。

扦插深度：应深插，为穗条的1/2或全部埋入土内。插后管理：插后应踩实压紧、浇灌、遮阴。

②嫩枝扦插

• 选条

时间：多数在5～9月的夏季清晨或傍晚。

采穗：采集当年生半木质化健壮无病虫害的嫩枝。

● 制穗　在避荫处把采来的种条截制成长度5～15 cm，具有2～4个节间，上下切口同硬枝扦插。阔叶树种上下切口均平剪。地上部分的叶片或针叶应全部保留或将叶片去掉少部分即可。注意插穗不要太长。采、制插穗要在阴凉处进行，防止水分散失。

● 扦插

扦插时间：随采随插。穗条的处理：用生长素或水浸泡处理插穗，提高其扦插生根率。如：用浓度为1 000mg／L～1 500mg／L的生根粉或萘乙酸速蘸，促进生根。也可以用较低浓度的生根剂、温水浸泡催根。

扦插方法：沟插、引洞插。

扦插密度：根据育苗地区、树种、育苗方法、育苗年限、土质好坏等加以确定。

扦插深度：应浅插，为穗长的1/3～1/2。或不倒为度。插后应踩实压紧、浇灌、遮阴。

（3）插后管理

扦插后，为提高扦插成活率，应保持基质和空气中有较高的湿度（嫩枝扦插要求空气湿度更重要），以调节插穗体内的水分平衡；保持基质中良好的通气效果。

①浇水　扦插后立即灌足第一次水，使插穗与土壤紧密接触，做好保墒与松土。未生根之前地上部展叶，应摘去部分叶片，减少养分消耗，保证生根的营养供给。为促进生根，可以采取地膜覆盖、灌水、遮阴、喷雾、覆土等措施保持基质和空气的湿度。嫩枝扦插和叶插由于插穗幼嫩，失水快，应加强管理。嫩枝露地扦插用塑料棚保湿时，可减少浇水次数，每周1～2次即可，但要注意棚内的温度和湿度；要搭荫棚遮阴降温。最好采取喷雾装置，保持叶片水分处于饱和状态，使插穗处于最适宜的水分条件下。

②移植　扦插成活后，为保证幼苗正常生长，应及时起苗移栽。尤其嫩枝扦插的植株。移植时最好要带土，移植后的最初几天，要注意遮阴、保湿。嫩枝扦插一般在扦插苗不定根已长出足够的侧根，根群密集但又不太长时进行。扦插早或生根及生长快的种类，可在休眠前进行移植；扦插晚或生根慢或不耐寒的种类，可在苗床上越冬，翌年春季移植。硬枝扦插可根据实际情况，生长较快种类的可在当年休眠后移植；生长慢的常绿针叶种类，可培养2～3年后移植。

③除萌或摘心　培育主干的植物苗木，当新萌芽苗高长到15～30cm时，应选留一个生长健壮、直立的新梢，其余萌芽条除掉，即除萌，达到培育优质壮苗的目的。对于培育无主干的植物苗木，应选留3～5个萌芽条，除掉多余的萌芽条；如果萌芽条较少，在苗高30cm左右时，应采取摘心的措施，来增加苗木枝条量，以达到不同的育苗要求。

④温度管理　植物的最适生根温度一般为15～25℃，要求基质温度比气温高3～5℃。早春地温较低，一般达不到温度要求，需要覆盖塑料薄膜或铺设地热线等措施增温催根。夏秋季节地温高，气温更高，需要通过喷水、遮阴等措施进行降温。在大棚内喷雾可降温5～7℃，在露天扦插床喷雾可降温8～10℃。采用遮阴降温时，一般要求遮蔽物的透光率在50%～60%。

⑤日常田间管理　充足供应肥水，满足苗木生长对水分和矿物质营养的需求，适度采取叶面喷肥的办法，插后每隔1～2周喷洒0.1%～0.3%的氮磷钾复合肥。硬枝扦插可将速效肥稀释后随浇水施入苗床。另外，应配合松土进行除草，减少杂草与苗木对养分和水分的竞

争，疏松土壤，为苗木根系生长创造适宜的环境条件。加强病虫害防治，消除病虫危害对苗木生长的影响，提高苗木生长的质量。冬季寒冷地区还要采取越冬防寒措施。

表Ⅱ-3-11　扦插育苗生长观察记载表

植物种类：　　　　插穗类型(含处理)：　　　　扦插日期：　　　　成活率：　　　%

观察日期	生产日期(天)	苗高(cm)	地径(cm)	苗木生长情况			
				开始放叶日期	放叶插穗数	开始生根日期	生根插穗数

小组：　　　　　　　　　　　　　　　　　　　　　　　　　　　　　填表人：

表Ⅱ-3-12　扦插育苗成活情况调查

品种	扦插数量(个)	成活数量(个)	成活率(%)

3. 嫁接育苗

(1) 选穗和剪穗

①选穗　选品质优良、观赏价值或经济价值高的优良稳定植株，采集幼壮年母树树冠外围向阳面生长健壮、充实、无病虫害、粗细均匀的1年生或当年生枝，或幼年母树根基部1年生健壮萌条，或从当年生健壮发育枝上削取芽片。

②剪穗　春季枝接应在休眠期截取一定长度的1年生枝条，并依不同品种缚以标签捆成小束，埋于湿润细沙处待用；秋季或在春、夏季生长时间(绿枝接或芽接)进行嫁接，则可以直接从树上选择剪取接穗，芽接最好当天采穗当天接。采条后立即把叶片剪除，留下叶柄，用湿草帘包好或覆盖湿草苔藓，保持湿度；不能及时嫁接的，可以低温窖藏。

(2) 选砧

由于砧木对接穗的影响较大，而且可选取砧木种类繁多，在选择时应因地、因时制宜，砧木的选择应具备以下条件：与接穗亲和力强；对栽培地区、气候、土壤等环境条件的适应能力强；对接穗的生长、开花、结果、寿命能产生积极的影响；来源充足、易繁殖；对病虫害、旱涝、低温等有较好的抗性；在应用上能满足特殊需要，如乔化、矮化、无刺等。

(3) 嫁接方法

①枝接法

• 切接法(图Ⅱ-3-5)

削接穗：一般选用1年生充分木质化枝条作接穗，穗长5~10cm，每个茎段含有2~3个芽。然后用切接刀在接穗的基部削出大小不同的两个对称斜面，内切深度不宜太深，削去大部分木质部即可，一面长约2cm，另一面长约1cm，削刀要锋利，手要平稳，保证削面平整、光滑，最好一刀削成。

削砧木：将砧木从距地面20cm处短剪，并将砧木修剪平整，再按接穗的粗度，在砧木截面的北侧选一合适的位置，用切刀自上而下劈开一条裂缝，深2.5cm左右，注意要用利刃下刀，以保证切面愈合。

接合：将削好的接穗长的削面向里插入砧木切口中，并将两侧的形成层对齐，接穗上端要露出0.2cm左右，即俗称的"露白"，有利于砧木接穗结合。

绑扎：用塑料条带将接口绑紧，对一些较幼嫩的接穗，为防止接口愈合前造成接穗抽干，最好用一个小的塑料袋把接穗和切口一起套住，以减少水分散失，待接穗抽生新梢后再把袋去掉。

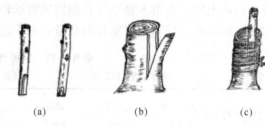

图Ⅱ-3-5　切接法
(a)切接穗　(b)切砧木　(c)插入接穗、绑扎

● 劈接法(图Ⅱ-3-6)　当利用大型母株作砧木时，也就是砧木较粗而接穗细小时可采用此法。先用劈刀从砧木的截面中心垂直下刀深约3~4cm，接穗下部两侧的削面长短一致，削成3~4cm的楔形，上部留2~3个芽。为提高成活率，常用2根接穗插入砧木切口的两侧，将接穗外侧的形成层和砧木一侧的形成层对齐，最后进行绑扎。可用塑料条绑扎，也可进行封蜡。

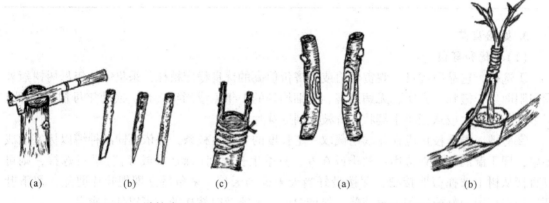

图Ⅱ-3-6　劈接法
(a)劈开砧木　(b)削接穗　(c)插入接穗并绑扎

图Ⅱ-3-7　靠接法
(a)砧木和接穗的削口　(b)靠接与绑扎

● 靠接法(图Ⅱ-3-7)　靠接常用于常绿木本花卉，如女贞靠接桂花、侧柏靠接翠柏、黑松靠接五针松等。靠接应在生长旺季进行，先把培育好的1、2年生砧木搬运到用于嫁接的母株附近，选择母株上与砧木粗细相当的枝条，在适当部位削成梭形接口，长约3~5cm，深达木质部，削口要平整，两者的削口长短要一致，然后把它们靠在一起，使形成层对齐后进行绑扎，嫁接成活后，自接口下把接穗剪断，自接口上把砧木枝条剪断。

②芽接法

● "T"型芽接(图Ⅱ-3-8)

削芽片：接穗应选取当年生充分成熟的枝条，在接穗上选择饱满的腋芽，并将接穗上叶片剪掉，仅留叶柄。在其上方0.4cm处横切一刀，深入木质部0.1cm左右，再从腋芽下方0.5~0.6cm处向上推削至横切处，然后取下腋芽，并把芽片内部的木质部剥去，然后将芽片用湿毛巾包好或放入口中。

切砧木：在砧木苗的北侧距地面10~15cm之间，选一光滑的皮面，将韧皮部切成一个

"T"字形切口,其长宽略大于芽片,然后用芽接刀柄挑开树皮。

接合:将芽片自"T"形切口上方插入砧木的皮层内,使芽片上端与砧木上切口吻合,但需露出芽片上的芽及叶柄。

绑扎:用塑料薄膜绑扎,仅露出腋芽及叶柄。

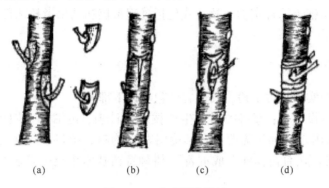

图Ⅱ-3-8 "T"型芽接法
(a)削芽片 (b)割砧木 (c)将芽片插入砧木皮层 (d)绑扎

- 嵌芽接(图Ⅱ-3-9) 此法适合于砧木苗较细和砧木皮层不易自然剥离的花木,嫁接的成活率不如"T"字形芽接高。有片状嵌芽接、环状嵌芽接、盾状嵌芽接3种。切取芽片时根据不同方法、不同接穗从芽上方0.1~1cm下刀,再在芽下方0.5~0.8cm处下刀,取下芽片后,接着在砧木的适当部位切与芽片大小相应的切口,然后将芽片插入接口,两侧形成层对齐,最后绑扎或封蜡。

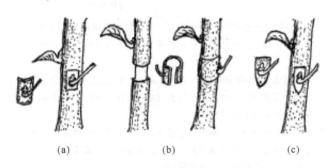

图Ⅱ-3-9 嵌芽接的几种方法
(a)片状嵌芽接 (b)环状嵌芽接 (c)盾状嵌芽接

表Ⅱ-3-14 嫁接成活调查表

嫁接方法与种类	嫁接日期	嫁接数量	愈合情况	成活数量	成活率

调查人: 调查日期:

注意:以个人为单位,进行成活率的调查(表Ⅱ-3-14),并按嫁接的成活率记入实训成绩。

六、实训结果与考核

(一)考核方式

苗圃规划设计与施工综合实训考核方式包括过程考核和结果考核两部分,其中过程考核占30%,结果考核占70%。

(二)实训成果

每人应上交综合实训报告1份,其内容应包含以下部分:

①苗木生产技术设计书;②各类苗木生产技术设计表,包括《育苗所需劳力及工资表》《种子需要量及其费用表》《插穗需要量及其费用表》《物料、肥料、药剂消耗量及其费用表》《年度育苗生产计划表》《育苗作业总成本表》《树种育苗技术措施一览表》;③苗木生产施工实训报告。

(三)成绩评定

实训结束后根据学生的实践操作熟练程度及内业成果;组织纪律;工作态度;团结协作等五个方面由指导教师综合评定成绩。通过综合评分划分等级分:优秀(85~100)、良好(70~84)、及格(60~69)、不及格(60以下)四级制,标准如下:

表Ⅱ-3-15 考核等级标准表

考核项目	考核方法	考核标准
苗木生产技术设计	按小组(5人一组)考核	优:正确进行苗圃环境因子调查,调查材料数据准确;正确进行主要树种育苗技术设计;正确编制苗木生产技术设计各类成果;上述各项内、外业操作熟练、规范,提交成果科学实用 良:正确进行苗圃环境因子调查,调查材料数据准确;正确进行主要树种育苗技术设计;正确编制苗木生产技术设计各类成果;上述各项内、外业操作基本规范,但不很熟练,提交成果大部分实用 及格:在指导下能正确进行苗圃环境因子调查,调查材料数据基本准确;能进行主要树种育苗技术设计;基本掌握苗木生产技术设计各类成果的编制;上述各项内、外业操作基本规范,但不很熟练,提交成果部分实用 不及格:达不到及格标准
播种育苗	单人考核	优:正确进行选种及种子处理;正确选择播种方法,播种量合理,播种均匀一致;覆土、覆盖厚度适当且均匀一致;上述操作熟练、规范。发芽率达到90%以上。 良:正确进行选种及种子处理;正确选择播种方法,播种量较合理,播种较均匀;覆土、覆盖厚度基本适当且较均匀;上述操作基本规范,但不很熟练。发芽率达到80%~90% 及格:在教师指导下,能进行选种及种子处理;选择播种方法,确定播种量,播种较均匀;覆土、覆盖厚度基本适当且较均匀;上述操作方法基本正确,但速度缓慢。发芽率达到60%~80% 不及格:达不到及格标准

（续）

考核项目	考核方法	考核标准
扦插育苗	单人考核	优：能独立正确选插穗、制穗；正确处理穗条；正确选择扦插方法、扦插技术熟练、规范。成活率≥81% 良：能独立正确选插穗、制穗；正确处理穗条；正确选择扦插方法、扦插技术基本规范，但不很熟练。成活率71%~80% 及格：在教师指导下，能正确选插穗、制穗；正确处理穗条；正确选择扦插方法、扦插技术基本正确，但不熟练。成活率51%~70% 不及格：达不到及格标准
嫁接育苗	单人考核	优：能独立正确选择砧木并进行砧木处理；能正确选接穗、制穗；正确选择嫁接方法、嫁接技术熟练、规范。成活率≥81% 良：能独立正确选择砧木并进行砧木处理；能正确选接穗、制穗；正确选择嫁接方法、嫁接技术基本规范，但不很熟练。成活率71%~80% 及格：指导下，能正确选择砧木并进行砧木处理；能正确选接穗、制穗；正确选择嫁接方法、嫁接技术基本正确，但不熟练。成活率51%~70% 不及格：达不到及格标准

七、说明

①适用范围　本实训指导适用于三年制高职高专林业技术专业；也可作为五年制同专业或相近专业参考。

②实训内容与方法可根据不同地区实际情况自行选择。

实训 4 造林作业设计与施工

一、实训目的及要求

造林作业设计与施工综合实训是让学生运用课堂和造林实践所学过的理论知识与实践技能,根据上级林业主管部门下达的营造林任务和宜林地自然条件,在教师的指导下进行造林作业区选择、作业区测绘和调查、造林作业设计、造林作业设计成果编制、造林施工等工作,以进一步巩固理论知识,加强实践动手能力,培养学生分析、解决问题和独立思考能力。

二、实训条件配备要求

(一)场地条件

具备造林作业区,如荒山荒地、采伐迹地等;造林作业区面积达 $6\sim7hm^2$(能够容纳 40~50 人活动)。

(二)资料条件

1:10 000(或 1:25 000)的地形图或林业基本图、山林定权图册、森林资源调查簿、森林资源建档变化登记表、造林调查设计记录用表、林业生产作业定额参考表、各项工资标准、造林作业设计规程、造林技术规程等有关技术规程和管理办法等;造林作业区的气象、水文、土壤、植被等资料;造林作业区的劳力、土地、人口居民点分布、交通运输情况、农林业生产情况等资料。

(三)仪器、工具、材料条件

罗盘仪、视距尺、花杆、皮尺、钢卷尺、工具包、锄头、铲、镐、劈刀、记录板、各类调查记录表、造林作业设计表、绘图工具、方格纸、笔等。

三、实训内容与时间安排

(一)实训内容

1. 实训前的准备工作
①业务培训、人员组织;
②准备实训仪器、工具、材料;
③选择造林作业区;
④资料收集。

2. 造林作业设计外业工作
①现场踏查；
②作业区测绘；
③作业区调查。

3. 造林作业设计内业工作
①内业资料整理；
②造林地实测平面图绘制；
③造林作业技术设计。

4. 造林作业设计成果资料
①造林作业设计图绘制；
②编制各类造林作业设计表；
③编写造林作业设计说明书。

5. 造林施工

造林作业设计与施工实训时间为3d，具体安排如表Ⅱ-4-1：

表Ⅱ-4-1 造林作业设计与施工综合实训时间安排表

序 号	实训项目名称	时间分配（d）
1	学习有关方针、政策、技术规程和工作细则；制定工作计划，准备工具	1.0
2	造林作业区测绘和调查	2.0
3	造林作业设计内业工作、造林作业设计成果编制	2.0
4	造林施工技术	2.5
合 计		7.5

四、实训的组织与工作流程

（一）实训组织

根据同学业务水平和身体素质，合理调配实训小组人员组成，每组由10名学生组成，确定1人为小组长，协助指导教师进行实训过程的组织管理。每班配备1~2名实训指导教师。

（二）工作流程

本实训的主要工作流程见图Ⅱ-4-1。

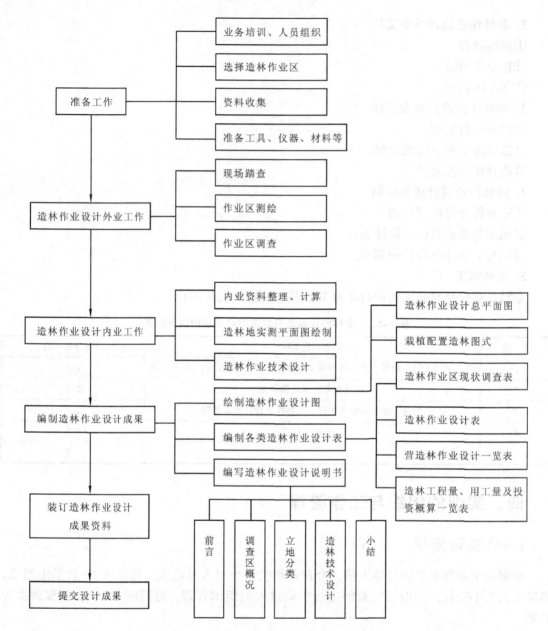

图 Ⅱ-4-1　造林作业设计主要工序流程图

五、实训步骤与方法

(一)准备工作

1. 组织管理

造林作业设计一般在县(市、区)林业主管部门统一领导下,由建设单位(业主)组织设计。造林作业设计由具有造林作业设计资质的单位或机构承担。作业设计实行项目负责人制,项目负责人具有对造林作业设计文件的终审权并承担相应的责任。

2. 召开准备会议

听取施工单位对作业设计的要求及有关情况的介绍；明确作业设计任务(地点、范围、完成期限等)；学习有关方针政策、技术规程和工作细则；编制安排造林作业设计计划。

3. 搜集资料

1∶10 000(或1∶25 000)的地形图或林业基本图、山林定权图册、森林资源调查簿、森林资源建档变化登记表、造林调查设计记录用表、林业生产作业定额参考表、各项工资标准、造林作业设计规程、造林技术规程等有关技术规程和管理办法等；造林作业区的气象、水文、土壤、植被等资料；造林作业区的劳力、土地、人口居民点分布、交通运输情况、农林业生产情况等资料。

4. 其他工具准备

准备仪器、工具及各种表格等造林设计的必需品。

(二) 外业调查

1. 造林作业区选择

依据造林规划、年度计划及其他档案材料初步确定造林作业区。造林作业区应选择宜林荒山地、采伐迹地、火烧迹地、低产低效林分改造等适宜造林的地块。根据初步确定的造林作业区，到实施地踏查核实，并确定造林作业区界线。

2. 造林作业区调查

(1) 造林作业区面积测量

造林作业区的面积采用下列方法之一进行测量，并将其位置绘制在林业基本图或地形图上，最小作业区的成图面积2mm×2mm；地形地物明显，可以用地形图勾绘，面积误差不超过5%；作业区平坦、形状规则且面积小的可用皮尺量测；当边界不规则时要用罗盘仪量测，闭合差不大于1/100；或用经过差分纠正的全球定位系统(GPS)接收机测量，面积误差不超过5%。

(2) 造林作业区调查

先踏查整个造林作业区，选择有代表性的1个或2个调查点，目测与实测相结合，进行记载。

(3) 调查记录内容

记录主要内容包括：

①作业区编号 "邮政编码"+"村名的汉语拼音缩写(大写字母，双声母选第1个字母)"+"-"+"年份"+"-"+"阿拉伯数字序号(3位数)"；

示例：350003HHC-2004-008

②日期 完整填写调查时间；

③调查者 应签署调查者个人姓名。不得签署××调查组、××科、××调查队等不能确认调查者个人身份的名称；

④位置 乡(镇、场)、村(工区)、林班、大班、小班、小小班，所在地形图比例尺、图幅号、公里网区间；

⑤作业区立地特征 地形、地貌、地类、母岩、立地质量等级、土壤、植被(主要植被类型、植被总盖度、各层盖度、高度以及造林前树种)；

⑥需要保护的对象　珍稀濒危植被、古树名木、古迹、历史遗存、有特殊价值的景点、珍稀濒危动物或有益动物的栖息地（即：小片灌丛、站杆、水池、洞穴等）。

造林作业设计，用表格记录，表格样式表Ⅱ-4-2、表Ⅱ-4-3。

（三）造林作业区内业设计

1. 造林设计

根据造林作业区调查情况和立地质量等级等，造林设计内容：

①林种、树种、培育目标；

②苗木（种子）的数量、规格、来源及其处置与运输要求；

③造林方式方法与作业要求，乔、灌、草栽植配置（确定合理的密度、株行距、行带的走向、混交方式、混交比例等）；

④林地清理、整地的方式与规格。林地清理、整地与栽植（直播）的时间等内容；

⑤施肥方法、次数、时间、数量；

⑥需要营造防火林带的，应同步设计、同步施工；

⑦病虫害防治的措施与方法。

2. 幼林抚育设计

幼林抚育方法、次数、时间等。

3. 辅助工程设计

辅助工程设计应符合下列要求：

①林道、护坡、护林房、防护设施、标牌等辅助项目的结构、规格、材料、数量与位置；

②沙地造林设置沙障的数量、形状、规格、走向、设置方法与采用的材料以及设置时间；

③将辅助工程位置表示在设计图上。

4. 种苗需求量计算

按树种配置、造林密度及造林作业区面积，并考虑苗木损耗及补植量，计算各树种的需苗（种）量，并落实种苗来源。

5. 工程量统计

按工程项目的数量与相关技术指标，计算林地清理、整地挖穴的数量，肥料、农药等造林所需物资数量，辅助工程项目的数量与相应物资的需要量，以及车辆、农机具等设备的数量。

6. 用工量测算

按造林面积、辅助工程数量及其相关的劳动定额，计算用工量。

7. 单价指标

确定工价、种苗单价及各物资单价指标等。

8. 施工进度安排

按季节、种苗、劳力、组织状况做出施工进度安排。

9. 经费预算

应分苗木、物资、劳力和其他4大类分别计算。种苗费用按需苗量、苗木市场价、运输费用测算；物资、劳力以当地市场平均价计算。

10. 绘制造林作业设计图

造林作业设计图应满足发包、承包、施工、工程监理、结算、竣工验收、造林核查的需要。图种包括作业设计平面图、栽植配置平面图(表Ⅱ-4-4)。

11. 作业设计平面图

图素包括：

①明显的地标物(道路、河道、溪流、沟渠、桥梁、涵洞、独立屋、独立木等)、边界、辅助工程的布设位置。

②树种(草种)简单，株行距固定的造林作业区，平面图上可以不标示苗木栽植的具体位置，但要标示行带的走向。

③作业设计平面图绘制在 A4 或 A3 打印纸上，并标明比例尺。

12. 栽植配置平面图

图素包括：

①栽植配置平面图上应标明表示水平方向乔、灌、草在地面的配置关系，栽植材料的水平投影以成林后的树冠、植丛状态为准。

②要注记反映栽植材料空间关系的尺寸，尺寸的单位为 m，精确到 0.1m。

③设计格式：用表格记录，表格样式见(表Ⅱ-4-4)。

(四) 文件组成

1. 造林作业设计文件

以造林作业区为单位编制，每个造林作业区编制一套设计文件，应采用通用的计算机软件制作。造林作业区文件包括：

①造林作业设计说明书。

②设计图。

- 作业设计总平面图；
- 栽植配置平面图；
- 辅助工程单项设计图。

③调查和设计表。

- 造林作业区现状调查表；
- 造林作业设计表；
- 营造林作业设计一览表；
- 造林工程量、用工量及投资概算一览表。

2. 作业设计说明书

以造林项目建设单位为单元编制作业设计说明书，说明书内容包括：

①前言

②基本情况

- 位置与范围：所在的行政区域、林班、小班，四至界限，面积；
- 经营权所有人、现在的承包人；
- 施工单位：单位名称、法人。如系个人应注明姓名、性别、年龄、职业与住址；

- 设计单位与设计负责人：单位名称、资质、设计负责人姓名、职称；
- 造林作业区现状：立地条件，海拔、地形地貌、土壤、母岩、小气候等及其对造林的影响；植被现状，群落名称，主要植物(优势种与建群种)种类及其多度、盖度、高度、分布状况、对造林整地的影响等，如为农田要说明近期耕作制度、作物种类、收成、退耕的理由。
- 社会经济情况

③指导思想与原则。

④立地条件类型划分。

⑤造林技术设计　林种、树种(草种)、种苗规格，整地方式方法、规格，造林季节、造林方式方法、更新改造方式，结构配置(树种及混交方式、造林密度、林带宽度或行数)，整地方式方法。

⑥幼林抚育设计　抚育次数、时间与具体要求等。

⑦辅助工程设计　林道、灌溉渠等辅助工程的结构、规格、材料、数量与位置；防护林带、沙障的数量、形状、规格、走向、设置方法。

⑧种苗需求量计算。

⑨施工进度　整地、造林的年度、季节。

⑩工程量、用工量和投资概算　各树种草种种苗量、整地穴的数量、肥料、农药等物资数量，辅助工程的数量(个、座、kg、hm^2、km、m、m^2、m^3 等)。分别造林种草和辅助工程计算所需用工量，按造林季节长短折算劳力。

⑪经费预算　分苗木、物资、劳力和其他4大类计算。

3. 文件装册

文件按以下顺序装订成册：

①设计单位资质证书和设计人员职称证书复印件；

②造林作业设计参加人员名单，加盖设计单位资质章或公章；

③目录；

④造林作业设计说明书；

⑤造林作业设计一览表；

⑥造林作业设计表；

⑦作业设计平面图；

⑧栽植配置平面图；

⑨造林作业区现状调查表。

作业设计文件按以上顺序排列后，加封装面，合并成册。封面题写××项目建设单位××年度造林作业设计书。

造林作业简易设计：由专业技术人员进行设计，设计的程序、方法见本标准相关条款，面积勾绘量测误差不超过5%。内容只需填写造林作业设计一览表，详见表Ⅱ-4-2至表Ⅱ-4-6。

(五) 造林施工

①结合本地区特点与习惯参加造林地清理及造林地整地工作(全面整地、带状整地、块

状整地)。

②参加植苗造林(包括穴植、缝植、贴壁植),有条件的地区可参加播种造林(包括飞机播种)与分殖造林。

③参加幼林生产管理,包括除草松土、灌溉施肥、间作、间苗、平茬、除蘖、修枝、抹芽及幼林保护等。

六、实训结果与考核

(一)考核方式

造林作业设计与施工综合实训考核方式包括过程考核和结果考核两部分,其中过程考核占30%,结果考核占70%。

(二)实训成果

每个人应上交造林作业设计一套完整的设计文件,其内容按上述文件组成要求。

(三)成绩评定

实训结束后根据学生的实践操作熟练程度及造林作业设计与施工成果;组织纪律;工作态度;爱护仪器和工具五个方面由指导教师综合评定成绩。通过综合评分划分等级分:优秀、良好、及格、不及格四级制,标准如下:

优秀(85~100分):熟练掌握造林作业设计与施工各项技能操作;面积测量及各项调查准确率高,误差在5%内,树种选择、配置合理;有严格的组织纪律性和工作态度,爱护公物。

良好(70~84分):能较为熟练掌握造林作业设计与施工各项技能操作,步骤合理、规范;面积测量及各项调查准确率较高,误差在5%内,树种选择、配置较合理;有较强的组织纪律和工作态度,爱护公物。

及格(60~69分):基本掌握造林作业设计与施工各项技能操作,步骤较为合理,面积测量及各项调查误差在5%以上,树种选择尚合理,不出大的差错;组织纪律性和工作态度一般。

不及格(60分以下):造林作业设计与施工技能操作步骤不合理,有明显的操作失误;面积测量及各项调查误差大于5%,树种选择不合理,组织纪律和工作态度差,不爱护公物。

七、说明

①附表只供参考,在应用时,可根据实际情况修改,最好使用省的或全国的统一调查表格。

②时间安排可根据实际情况适当延长。

表 Ⅱ-4-2 造林作业区现状调查表(正面)

编号:		日期: 年 月 日		调查者:	
位置: 县(市、区) 乡镇(苏木、林场) 分场 村屯(工区) 林班 小班 细班					
地形图图幅号:		比例尺:		千米网范围:东 西 南 北	
作业区实测面积: hm²(精确到0.01),相当于 亩(精确到0.1)					
造林作业区立地特征:					
地貌类型:①山地阳坡 ②山地阴坡 ③山地脊部 ④山地沟谷 ⑤丘陵 ⑥岗地 ⑦阶地 ⑧河漫滩 ⑨平原 ⑩其他(具体说明)					
海拔: m		坡度: 度		坡向:	坡位:
地类:①宜林地 ②湿润区沙地 ③皆伐迹地 ④火烧迹地 ⑤疏林地 ⑥低价低效林林地 ⑦退耕还林地 ⑧干旱区有灌溉条件的沙荒地 ⑨道路河流沟渠两侧 ⑩其他(沼泽地、滩涂、盐碱地等)					
母岩类型:①第四纪红色或黄色黏土类 ②花岗岩类 ③页岩、砂页岩类 ④砂岩类 ⑤紫色砂页岩类 ⑥板岩、千纹岩等页岩变质岩类 ⑦石灰岩类 ⑧玄武岩类					
土壤类型:		土层厚度(cm):A1层,AB层,B层,C层			
石砾含量(%):	pH值:	质地:①砂土 ②砂壤土 ③轻壤土 ④中壤土 ⑤重壤土 ⑥黏土			
植被类型:		盖度(%):总盖度;乔木层 灌木层 草本层			
主要植物种类中文名(及拉丁名)	生活型	多度	盖度(%)	分布状况	高度(cm)
小气候述评(光照、湿度、风害、寒害等):					
需要保护的对象:					
树木生长状况及树种选择建议:					
社会、经济情况:					
总评价(立地条件好坏、利用现状、造林难易程度、有无水土流失风险、有无需要保护的对象,权属是否清楚、交通是否方便、退耕地的耕作制度与收成,适宜的树种、整地方式、栽植配置,等等)					

表 II-4-2 造林作业区现状调查表(反面)

面积测量野账与略图
作业区面积： 测量方法： 测量人： 测量时间：

A.3 填表说明

造林作业区立地特征中地貌类型、地类、母岩、土壤质地等项用选择法填写，选择其一，将前面的号码涂黑。其他各项填写实际数。

表 II-4-3 造林作业设计表

编号_____ 乡(镇、场)_____ 村(工区)_____ 林班_____ 大班(小班)_____
地名_____ 小班面积_____ 造林面积_____ 培育目标_____ 林种_____
树种_____ 更新改造方式_____ 山权_____ 经营权_____
设计单位_____ 资质_____ 设计负责人_____ 职称_____ 作业
设计参加人员_____ 工日单价_____

内容	设计要求 (年度、季节、次数方式、规格等)	物资量				用工量		
		定额	数量	单位价格	投资额	定额	数量	投资额
林地清理								
整地与挖穴								
种苗								
施基肥								
造林时间、方法								
造林密度及株行距								
混交方式、比例								
幼林抚育								
追肥								
病虫害防治措施								
防火设施设计								
辅助工程								
林带宽度或行数								
其 他								

表 Ⅱ-4-4　造林作业设计平面图

作业设计平面图
栽植配置平面图

表Ⅱ-4-5　××造林工程量、用工量及投资概算一览表

统计单位	小班面积(hm^2)	造林面积(hm^2)	种苗(株或kg)		物资(kg)		用工量(日)	投资概算(元)								
			种苗1	种苗2	物资1	物资2		种苗	物资	劳力	其他					合计
											设计费	管理费	管护费	科研培训费	不可预见费	

表Ⅱ-4-6　××年度造林作业设计一览表

作业区	林班、大班、小班号	小班面积(hm^2)	造林面积(hm^2)	山权	经营权	立地质量等级	主要造林技术							幼林抚育		施肥		其他	投资概算(元)
							林种	林地清理	整地	挖穴规格(cm)	造林树种	株行距(m)	配置方式	配置比例	次数	方式	次数	肥种	数种		

实训 5　森林抚育间伐作业设计

一、实训目的及要求

①通过实训,使同学了解森林抚育间伐作业设计的意义,掌握森林抚育间伐作业设计的全过程。包括设计步骤、设计方法、设计内容、设计技术指标、设计操作技能。

②培养学生灵活运用理论知识、结合调查现场实际情况、独立分析问题和解决问题的能力。

③培养学生将森林抚育间伐作业设计工作建立在可靠的科学基础上,落实贯彻《森林经营方案》(或林业总体规划)。

二、实训条件配备要求

(一)林分条件

具备中幼龄林(或近熟林)、林木分化明显的针叶林(或阔叶林)的林分;集中或分散的中、幼龄林面积在 10hm² 以上的林场(能够容纳 40 人活动)。分散的林分每一片都能够容纳 5~6 人活动,最低面积不小于 0.2hm²。

(二)生活工作条件

能够容纳 50~60 人生活、学习、工作、活动的场所。

(三)仪器、工具及设备条件

罗盘仪、三脚架、测杆、皮尺、测高器、围尺、角规,手锯(或油锯)、砍刀、斧头、铁锹、土壤刀、量角器、绘图直尺、求积仪、计算器、1∶10 000(或 1∶25 000)的林相图(带有等高线)、或 1∶10 000(或 1∶25 000)的基本图(带有等高线)、或 1∶10 000(或 1∶25 000)地形图,作业地区的《森林经营方案》、以往的森林施工作业设计方案,《林业经营数表》(一元材积表、二元材积表)、《原木材积表》,相关的林业方针政策和规定,森林抚育间伐作业设计规程,各种外业调查表格、内业设计表格等。

三、实训内容与时间安排

本次实训时间共 5 天。抚育采伐试验林选择;抚育采伐外业工作;抚育采伐内业工作;森林抚育采伐作业设计成果编制。每个实训 1 天。

四、实训的组织与工作流程

(一)实训组织

每个森林抚育间伐作业设计的外业工作小组要有 5~6 名学生组成,当有男女生时,最好是男女搭配式的混合组成,形成互补式工作结构。在整个森林抚育间伐作业设计的指导工作中,按正常班型(40人)每班最少配两名教师。

(二)工作流程

工作流程按下述工作流程图进行(图Ⅱ-5-1、图Ⅱ-5-2):

图Ⅱ-5-1 森林抚育间伐作业设计主要工作流程图

图Ⅱ-5-2 森林抚育间伐作业设计细致工作流程图

五、实训步骤与方法

(一)准备工作

作业设计工作开始前,要做好准备工作,这是保证顺利完成任务,提高作业设计质量的重要环节。为此,必须充分做好各项准备工作,力求实用。

1. 制定计划

明确抚育间伐作业设计任务(地点、范围、完成时间),制定详细的工作计划和工作细则。

2. 资料收集

①图面材料 收集1:10 000(或1:25 000)的林相图(带有等高线)、或1:10 000(或1:25 000)的基本图(带有等高线)、或1:25 000(或1:50 000)的森林分布图(带有等高线)、

如果没有前述三图，收集1：10 000（或1：25 000）地形图。

②文字资料 自然资料（了解地形、山脉、河流等自然概况）、社会经济资料（了解交通、运输、劳力等情况）、作业地区《森林经营方案》（用以查定作业年份中可用于抚育采伐的蓄积量）、以往的森林施工作业设计方案及施工总结等。

③设计技术资料 相关的林业方针政策和规定，调查设计文件、森林抚育间伐作业设计规程，《林业经营数表》（一元材积表、二元材积表）、《原木材积表》。

3. 准备作业设计用表

《标准地调查簿》《小班边界罗盘仪测量记录表》《森林作业设计小班边界实测图》《标准地罗盘仪测量表》《森林作业设计标准地实测图》《抚育间伐分级每木检尺表》（分为：表A、表B，纯林用表A、混交林用表B；表A中又分为采伐前状况、保留木、采伐木）《树高测量记录表》《绘制树高曲线图用表》《径阶标准木造材记录表》《标准地材种出材量统计表》《森林抚育间伐一览表》《作业设施设计一览表》《收支概算表》。

4. 准备工具仪器设备

笔、墨、颜料、量角器、绘图直尺、求积仪、计算器、充电器、电池、罗盘仪、三脚架、测杆、皮尺、测高器、围尺、角规；手锯（或油锯）、砍刀、斧头、铁锹、土壤刀。

以上准备工作由教师完成。在真正的生产中，还应准备生活必备用品及汽油、柴油、机油、发电机等生产必备品。

（二）抚育采伐试验林的选择

根据作业地区《森林经营方案》中查定的作业年份内可用于抚育采伐蓄积量和森林资源统计表的资源数据及1：10 000（或1：25 000）的林相图（带有等高线）或1：10 000（或1：25 000）的基本图（带有等高线）、或1：25 000（或1：50 000）的森林分布图（带有等高线）上小班的位置，初步确定进行抚育采伐试验的林分。

（三）实地踏查

①初步确定森林抚育间伐作业施工的对象、位置、边界，了解林况、地况。

②按照森林资源二类调查编制的《林相图》和《×××森林经营方案》规定的作业年度生产计划任务，对欲进行森林抚育间伐作业设计的林分、地类进行一次全面的踏查，核对森林资源二类调查状况和二类调查数据；将错误纠正过来，将遗漏补充完整。

③确定作业区。在上述森林资源核对基础上，明确作业区域和作业范围。

④将《×××森林经营方案》所规划的抚育间伐作业采伐量，落实到具体林分小班地块。小班地块的大小和蓄积量尽量与年度生产计划任务相吻合，以减少工作量和便于资源管理（对按年度生产计划任务进行的抚育间伐，留下的同一小班当年不能采伐的地块，要考虑下一年度生产计划任务的情况，以备在下一年度生产计划任务中落实）。

⑤了解地形地势、山脉、河流等自然概况；了解交通、居民点分布等社会经济情况，初步选择施工设施，楞场、工棚、房舍、机库、油库的位置，集材与运材线路（在大林区，应在地形图上做临时性标注）。

⑥初步制定作业设计的技术方案和工作计划，主要是安排工作项目、地点、人员、进程及完成任务的时间等。

⑦现场踏查一般采取"点线结合"的方式进行,选择调查路线时最好通过各种不同地形、地势,以便了解到比较全面的情况。

⑧现场踏查时,可采取对坡勾绘的办法,绘出工作草图,为开展外业调查创造方便条件。

(四)外业调查工作

作业设计的外业调查工作是内业设计的基础,一切结论产生于调查之后,外业调查工作就是通过调查研究,掌握第一手资料,才能做好内业设计方案。外业调查工作主要包括:区划作业区、小班区划、对作业小班界线测量、标准地的选择与测量、标准地的调查等内容。

1. 区划作业区

作业区又叫集材区,是为了抚育间伐作业后,便于将采伐下的木材集聚一起,统一运输而区划的。

作业区是年度作业的设计单位,作业区的大小应根据年度生产任务量的要求和可能来划定。可以是一个林班,也可以是几个林班。在山区,作业区的区划可采用自然区划法或综合区划法,它要求集材区为同一沟系(同一小水系),要充分考虑地形和运输条件,避免逆坡集材。即按自然地形地势(山脊、河流、道路)、运材系统划分,以便有利于组织生产。

在进行作业区区划时,有两种情况:一种是具备森林资源二类调查绘制的1:10 000(或1:25 000)比例尺的林相图(或基本图);另一种不具备森林资源二类调查绘制的林相图(或基本图)。

(1)有林相图(或基本图)

在1:10 000(或1:25 000)比例尺的林相图(或基本图)上,按同一集材系统直接区划,力求与森林资源二类调查界线统一。同时将楞场、工棚、房舍、机库、油库的位置,集材与运材线路确定下来。

(2)无林相图(或基本图)

用1:10 000(或1:25 000)比例的地形图重新进行作业区、林班区划。区划时,选用自然法、综合法或人工法中的其中一种方法区划林班。林班是统计单位,也是永久性经营管理单位,一般面积控制在100~200hm^2。当抚育间伐任务少,且在同一林班时,林班即为作业区。当抚育间伐任务多,作业区面积大时,将几个同一沟系(同一小水系)的林班合并即为作业区。同时将楞场、工棚、房舍、机库、油库的位置,集材与运材线路确定在地形图上。

无论有无林相图(或基本图),在进行作业区区划时,都要首先核对各级、各类界线[场、(村)]。

2. 小班区划

小班在森林培育作业中,可以分为三类,即森林资源调查小班、森林经营小班、森林作业小班。

在森林中,为了便于森林资源调查和资源管理,将森林内部结构相同与周围有明显差异,需要采取相同经营措施的森林地段划分为一个小班,称为森林资源调查小班,简称为调查小班。在森林资源规划设计调查中(二类调查)直接称为小班。即一个林分为一个小班。

在森林抚育间伐作业设计调查中,由于受到采伐限额的限制和市场情况的制约,抚育间伐作业设计要求的面积、蓄积量与森林资源调查小班的面积、蓄积量不相符,需要将原森林资源调查小班,按抚育间伐作业的任务量划开。被划开的每一部分都是按经营目的和经营任务进行的,称为森林经营小班,简称经营小班。即一个林分可以区分为两个或两个以上小班。在新划开的森林经营小班中,马上进行抚育间伐作业的部分,称为森林作业小班,简称作业小班。

以上3种小班有时混用,有时又必须分开。

在进行小班区划时,也有下述2种情况:

(1)有林相图(或基本图)

①当调查小班的面积、蓄积量与经营小班要求的面积、蓄积量相符合时,按原调查小班的界线区划小班(面积要与作业任务的面积相统一,小班的蓄积量与作业任务的蓄积量相差无几)。调查小班与经营小班、作业小班的面积、蓄积量一致,3种小班混用。

②当调查小班的面积、蓄积量与经营小班要求的面积、蓄积量不符合时,按经营小班要求的任务量,在原调查小班的一角或一部分区划出作业小班。此时,调查小班与经营小班、作业小班的面积、蓄积量不一致,3种小班必须按概念分开使用,以便能更好地区分差别,明确工作对象。

③在调查小班内,不需要作业部分,其面积在 $0.2hm^2$ 以上的需在图上目测勾绘经营小班位置。面积不足 $0.2hm^2$ 的,只在《标准地调查簿》的备注栏内注明即可。

④对原调查小班重新区划的经营小班要重新编号,编号方法为在原调查小班编号号码后加一杠,再加阿拉伯数字。如 12—1,12—2,…以便于森林资源档案变档,使森林经营活动完全按《森林经营方案》进行。森林资源档案按《森林经营方案》管理的办法管理。

(2)无林相图(或基本图)

在作业区、林班内区划小班。

①全面区划 将作业区范围内的所有小班都进行区划。

②局部区划 只对作业施工小班区划。

③小班区划条件与编号(与二类调查时相同)。

进行小班区划时应注意:境界线要准确、位置准确;林地、林木的所有权要清楚无误;在区划作业小班的同时,要对作业小班提出初步的经营措施意见,作为作业小班调查前的参考。

3. 对作业小班界线的测量

作业小班边界用罗盘仪进行闭合导线单向观测测量,精度不小于1/100。填入《小班边界罗盘仪测量记录表》(也可用 GPS 测量点的经纬度,计算点间距,连接点间距成图)。

进行作业小班界线测量时注意:在展图的尺度(比例尺)上,能表现出来的转折点都要设测站(测点);注意倾斜角的读取;小班测量时,必须完全沿着林缘线进行,将由于森林资源调查小班是在大尺度小比例尺(1:10 000 或 1:25 000)上区划,而产生的不需要作业部分划分在外,这样的作业面积、作业蓄积量才能准确。

4. 标准地的选择与测量

(1)标准地的选择

在作业林分(作业小班)内,按《森林经营技术规程》要求,选择林木具有平均状态的地段建立1至数块临时标准地。

(2) 标准地的总面积

为了保证调查精度，标准地的总面积不能太小，抚育间伐作业的小班调查面积占作业小班总面积的 2% 以上。

(3) 标准地的形状和大小

每块标准地的形状和大小，应根据林分特点、地形、地势等情况酌情确定，可采取方形、长方形、带状。长方形标准和带状标准地每块面积 0.06~0.1hm² 为好。

(4) 标准地的数量及分布

标准地的数量可以是 1 块，也可以是 2 块以上。为了提高调查精度，在次生混交林中一般应选设 2 块以上，取其平均值为作业小班值。标准地的设置方法：一是在作业小班内按机械分布的办法设置；二是经过充分踏查后，选出具有代表性的地段设置。带状标准地应通过全小班具有代表性地段，其带数以满足调查面积为好（学生实训只做 1 块即可，每块标准地面积为 0.06~0.1hm²）。

(5) 标准地测设

采用方形或长方形标准地，用罗盘仪导线实测边界，精度不小于 1/200。四角埋桩标记，标明界外树。带状标准地用罗盘仪定向，用测绳标定中心线，按标准地面积确定带宽，带长以通过全小班为宜。将罗盘仪导线实测结果填入《标准地罗盘仪测量表》（在目前的情况下，由于面积过小，还不能用 GPS 测量，否则达不到精度要求）。

5. 标准地的调查

标准地选设后，便可进行调查，调查项目应根据小班林分类型，经营措施不同而异。抚育间伐林分首先要进行林木分级，每木检尺，选定砍伐木。

(1) 林木分级

单层同龄纯林，特别是针叶单层同龄纯林采用五级木法（克拉夫特法）给林木分级。具体标准为：

Ⅰ级木（优势木）　直径最粗，树高最高，树冠上部超出一般林冠层的林木。

Ⅱ级木（亚优势树）　直径、树高仅次于优势木，树冠发育良好的林木。

Ⅲ级木（中等木）　直径、树高、树冠在林分中均为中等的林木。

Ⅳ级木（被压木）　树干纤细，树冠窄小或偏冠，只有树冠顶部能伸入林冠层的林木。

Ⅴ级木（濒死或枯立木）　处在林冠层下，完全被压，得不到上方直射光，生长不良的林木。

复层异龄混交林，特别是阔叶复层异龄混交林采用三级木法给林木分级。具体标准为：

优良木（培育木）　有培育前途的目的树种，树干圆满通直，天然整枝良好，树冠发育正常，生长旺盛，质量好的林木。

有益木（辅助木）　有利于促进优良木天然整枝和形成良好干形，以及对土壤起保护和改良作用的乔、灌木。

有害木（砍伐木）　枯立木、病虫害木、被压木、弯曲木、多头木、枝杈粗大、树干尖削的林木，以及其他妨碍优良木生长的林木。

(2) 每木检尺

以 5cm 为起测直径，按 2cm 整化，周界上的林木采取舍西北取东南，测时要注意不要测重和漏测。

当是针叶单层同龄纯林时，填入《抚育间伐分级每木检尺表 A》中的采伐前状况中。

当是阔叶复层异龄混交林时，填入《抚育间伐分级每木检尺表 B》中的采伐前状况中。

(3) 确定采伐木

标准地的采伐作业，就是全小班施工时的标准和依据。因此，必须按照不同作业的要求慎重地进行。根据林木分级和林木在林地的位置及所处的地位现地确定采伐木。针叶单层同龄纯林用Ⅲ级木(或Ⅳ级木)的砍留调节间伐强度和郁闭度；阔叶复层异龄混交林用有益木的砍留调节间伐强度和郁闭度。

对选定的采伐木(砍伐木)可用镰刀或斧头在树皮做一记号，或用粉笔作一临时记号，便于区分保留木和采伐木(砍伐木)。

将保留木和采伐木(砍伐木)分别填入《抚育间伐分级每木检尺表 A》(或《抚育间伐分级每木检尺表 B》)中的保留木和采伐木(砍伐木)中。

(4) 林木高的测定

在作业林分(作业小班)内，每个径阶的林木测 3~5 株胸径和树高的实测值(保留 1 位小数)，填入《树高测量记录表》中。

标准地除调查以上条款外，在外业调查时还要在《标准地调查簿》中填写以下项目

小班位置：县(市、区)、乡(镇)、林场(村)小地名、工区、林班、小班、号标准地。

权属：林地所有权、林木所有权。

地类：土地种类简称地类，按《地类分类系统表》的分类标准填写。

森林类别、林种、亚林种：按《林种分类系统表》的分类标准填写。

地形地势调查：海拔、坡度、坡向、坡位。

土壤调查：土壤名称、土壤厚度、土壤质地、土壤含石量。

下木调查：下木名称填 3 种以上、盖度填所有下木盖度。

地被物调查：地被物名称填 3 种以上、盖度填所有地被物盖度。

林木起源：按天然林或人工林。

林龄：选伐一株优势树种的标准木或利用附近新伐根来计算和确定年龄或查造林档案确定。

林相：单层林或复层林。

郁闭度：在标准地内用皮尺或测绳沿对角线方向，拉一条直线(对立木分布不均匀的林分应长些)。量测出树冠在直线上的垂直投影长度，投影长度与对角线长度之比，便是郁闭度。抚育作业的采伐小班还应测出伐后郁闭度。

经营措施类型：根据小班的林分特点和立地条件，初步确定经营措施(透光抚育、生长抚育、疏伐、卫生伐)。

在《标准地调查簿》的"备注"栏还应注明：面积不足 0.2hm² 的不需要作业部分面积；是否由非目的树种组成；是否具有未老先衰的征象；是否具有不良的形态特征；是否生长缓慢、产量低的多代萌生林；是否遭受损害的残破林等。

外业工作到此结束，外业工作应在保证调查精度和调查质量的前提下，尽量缩短在外业工作的时间。要贯彻执行"能在内业完成的任务绝不要求学生在外业完成的原则"。

(五) 内业资料整理设计工作

内业设计要耐心细致，尊重实际，力求主观设计与客观实际统一，使抚育间伐作业设计

与施工具有科学的准确性。

内业设计是在上述一系列调查基础上进行的。内业工作是作业设计的最后环节，必须认真仔细地对待，最后提出作业设计书面材料，设计工作才告全部结束。

内业设计应贯彻有关林业方针政策及技术规程、经济核算、生产定额等规定，使其符合客观实际，才能在生产中发挥应有的指导作用。

内业设计的主要内容如下：

1. 内业资料整理复查

内业设计首先要对大量的外业调查材料进行整理分析。其主要内容包括：图面材料检查，求算面积，林分调查因子的核算，计算材种出材量和出材率，计算作业区内各作业小班的面积和蓄积。将整理出来的各项因子填入相应表格内。

(1) 标准地面积

将《标准地罗盘仪测量表》中的测量数据，按一定比例尺展绘到《森林作业设计标准地实测图》上，达到精度要求平差求积。将结果填入《标准地调查簿》的"标准地面积"栏。达不到精度要求，标准地要重新进行罗盘仪测量。

(2) 小班作业面积

将《小班边界罗盘仪测量记录表》中的测量数据，按 1:2 000 或 1:5 000 比例尺展绘到《森林作业设计小班边界实测图》上，达到精度要求后平差，用求积仪或网点板求算面积，小班面积以 hm^2 为单位，取整 1 位小数。图面上要按部颁标准图例注记，分子写林班号、小班号、小班面积，分母写优势树种、林龄、蓄积量，在与分号线平齐的右侧注记林种等。并表示出作业小班周围的地类，明显地物标志等，对作业方式不同的小班应用不同颜色。将面积结果填入《标准地调查簿》的"小班作业面积"栏。达不到精度要求，作业设计小班边界要重新进行罗盘仪测量。

(3) 小班面积

如果是原先进行过森林资源二类调查有林相图的，小班面积就是森林资源调查小班面积。可以直接从森林资源二类调查统计表中查找，填入《标准地调查簿》的"小班面积"栏。如果是重新区划的小班，按《小班边界罗盘仪测量记录表》中的测量数据展图求积的结果，填入《标准地调查簿》的"小班面积"栏。小班边界以测量展图的边界为准。

注意事项：由于森林资源调查小班是在大尺度、小比例尺(1:10 000 或 1:25 000)上区划，森林资源调查小班表现得粗略；而森林作业小班展图时是在小尺度、大比例尺(1:2 000 或 1:5 000)上进行，森林作业小班表现得详细。所以，受比例尺不同的影响，森林作业小班面积已经将原森林资源调查小班中，不需要作业部分的面积排除在外。因此，小班作业面积与小班面积有时相同，有时不相同。当小班作业面积与小班面积不同时，应将小班面积中不需要作业部分的面积，在《标准地调查簿》的"备注"栏内注明。即《标准地调查簿》"备注"栏内注明的不需要作业部分的面积与小班作业面积之和就等于小班面积。

(4) 龄组

由外业调查的林龄查相应"龄组划分表"得到龄组。

(5) 林木平均直径

用公式求算林木平均直径。

$$D = \sqrt{\frac{\sum n_i d_i^2}{N}}$$

式中　D——林木平均直径；

d_i——为《抚育间伐分级每木检尺表》的径阶；

n_i——为《抚育间伐分级每木检尺表》各径阶株数；

N——为《抚育间伐分级每木检尺表》总株数。

(6) 平均树高

①绘制树高曲线图　用《树高测量记录表》中的各径阶实测胸径和实测的对应树高，分别求出各径阶平均胸径和各径阶平均树高。再用各径阶平均胸径和各径阶对应平均树高，在直角坐标上画出树高曲线图。

②查平均树高　根据 $D = \sqrt{\dfrac{\sum n_i d_i^2}{N}}$ 求算林木平均直径，在树高曲线图上查出平均树高。

(7) 林木株数

根据《抚育间伐分级每木检尺表》的材料，分别树种统计各径阶株数，计算每个树种的总株数，各树种总株数之和就是标准地总株数。根据标准地的面积可以推算出每公顷林地的株数。

每公顷林地的株数 × 小班作业面积 = 作业小班株数

同时还可以根据《抚育间伐分级每木检尺表》的材料计算出保留株数和采伐株数。

(8) 蓄积量

根据《抚育间伐分级每木检尺表》的材料，分别树种按径阶查一元立木材积表求得标准地蓄积量，并推算每公顷蓄积量。

每公顷林地的蓄积量 × 小班作业面积 = 作业小班蓄积量

同时还可以根据《抚育间伐分级每木检尺表》的材料计算出保留蓄积量和采伐蓄积量。

(9) 间伐强度

分别株数和材积二个指标计算采伐强度。标准地采伐株数与标准地株数之比，用百分数表示，即得按株数计算的采伐强度。标准地采伐材积与标准地总蓄积之比用百分数表示，即得按材积计算的采伐强度。目前两种方法均可使用。人工林一般以株数计算为主，天然林以材积计算为主。

(10) 出材率

①将《径阶标准木造材记录表》中，各材种之和转抄到《标准地材种出材量统计表》

②将《标准地材种出材量统计表》中，标准地内某材种的出材量之和与标准地砍伐木材积之和的百比即为该材种的出材率。将各材种的出材率相加，即为总出材率。标准地总出材量与标准地砍伐木总材积的百分比也为总出材率。如果两种计算方法结果不相同，说明其中有一种计算出错(也可能两种都有错)，需要检查。将《标准地材种出材量统计表》中的总出材率转抄到《标准地调查簿》的"出材率"栏内。

(11) 出材量

用总出材率 × 小班采伐蓄积量计算出总出材量并填入《标准地调查簿》的"总出材量"

栏。用某材种出材率×小班采伐蓄积量计算出某材种出材量,在做设计时需要计算材种出材量。

(12)地位级

用抚育间伐前的林木平均高和林龄两个指标,查相应优势树种的《地位级表》得到林分的地位级,填入《标准地调查簿》的"地位级"栏。

(13)经营措施类型

根据各类经营措施的有关规定和技术要求,外业时初步确定经营措施,及"备注"栏的记载情况,最后确定经营措施(透光抚育、生长抚育、疏伐、卫生伐)。

(14)经营类型

根据《森林经营方案》中划分的经营类型标准、小班的林分特点和立地条件,明确经营类型(进行再作业时,一般不再调整经营类型)。

资料整理的工作到此全部结束。在资料整理的过程中,如果哪项外业调查数据达不到精度或缺项漏项,必须对外业内容进行复查和补调。

2. 内业设计工作

根据各类经营措施的有关规定和技术要求,按照各小班的林分特点和立地条件,因地因林制宜地确定作业方式和技术措施。具体设计内容如下:

(1)对抚育间伐作业的小班进行设计

①确定抚育间伐的种类;

②确定抚育间伐的方法;

③确定抚育间伐的采伐强度和采伐量;

④根据大柴的市场情况,确定清理场地的方法;

⑤根据各项作业任务、有关的技术经济定额以及市场劳力供应情况,确定施工用工量;

⑥根据运输道路、车辆的情况,确定施工作业时间等,并将每一个作业小班按林班先后顺序和小班先后顺序填入《森林抚育间伐一览表》。

⑦按作业方式和抚育间伐方法分别合计小班面积、小班蓄积、作业面积、作业蓄积、作业小班采伐株数、作业小班采伐蓄积量,各材种出材量,用工量等。

⑧最后不分作业方式和抚育间伐方法,将上述指标总计起来。

(2)简易作业设施选设

根据作业的需要和当地的社会经济情况(居民点、道路等)可设计有关的简易设施。简易设施设计是在踏查初步选设的基础上,将各种简易设施位置确定下来。

①工棚、临时房舍设置 房舍选择的原则是:便于生产、便于生活、安全简单实用。房舍应设在背风向阳、干燥、靠近水源的地方。避开风口、易产生滚石和滑坡的地方。水源地应设在房舍的上风、上水的地方;厕所应设在房舍的下风、下水的地方。结合工作量及长远规划综合考虑房舍面积及质量结构。内业时粗略计算材料、材料费用、材料运输量、材料运输费用,工时、工时费用等。在靠近居民点的地方,也可选择租用居民房舍作为一次抚育间伐施工的临时房舍。

②楞场(临时集材点) 楞场是抚育间伐施工时,将采伐下来的木材临时堆积的地方。它是集线路与运材道路的连接点。它的位置要求应尽量使集材距离缩短,靠近抚育间伐施工现场,又要使运材车辆能够到达的地方。它的面积以木材的数量及是否分材种而不同,一般

每集一立方米木材需 3~4m² 的楞场面积。楞场选设应注意地势干燥、平坦、工程量小、堆放木材多的地方。需要采伐林木(或毁坏农作物)的楞场，面积要用罗盘仪测量，闭合差不超过 1/200。内业时粗略计算面积、面积费用、工程量、工程量费用等。

③集线路和简易林道　集线路和简易林道选择的原则是：安全、经济、实用、保护幼树。

• 集线路要力求距离短，集材量大，要尽量利用现有的测线、旧道，避开陡坡、急坡、跳石塘、逆坡及幼树群。

• 简易林道是楞场到贮木场的运材道路。在大林区它可以结合林区的道路网建设而修建。在经济交通相对发达的地方，它主要是楞场到等级公路的路段。它的设计要根据当地的简易道路情况而确定，主要有新建简易道路、加宽简易道路、对原有简易道路维修等三种情况。内业时粗略计算长度、宽度，材料、材料费用，材料运输量、材料运输费用，工时、工时费用等。

④确定修建完成日期　将以上设计成果填入《作业设施设计一览表》。但对常年的林道、公路及永久性的房屋修建均不包括在此设计范围内，应作单项设计，上报审批。

(3) 收支概算

计算各项作业和各项设施所需要支出的经费和各项产品的销售收入，即计算出产值和生产成本，做出收支概算。

$$收益 = 总产值 - (直接生产费 + 间接生产费 + 育林费 + 税金)$$

总产值：木材及其他林产品出厂总价值。

直接生产费：采伐、打枝、造材、集材、归楞、运材、整地、造林等作业费用和所需物料等。

间接生产费：调查设计费、附加工资费、房舍折旧费、工具磨损费等。

将各项收入、总收入和各项支出、总支出填入《收支概算表》，最后得出盈亏结果。

3. 绘制作业小班位置图

作业小班位置图是根据外业区划、测量的成果，林分因子以及各种作业设施整饰转绘着墨制成的。图内应绘制作业区的周界、经营小班界、作业小班位置、明显地物、山脉、河流、道路等，并将运材道路、集材点、临时房舍等绘在图上，以符号表示。

小班面积以 hm² 为单位，取整一位小数，并在林班内由左到右、由上到下的顺序在图上进行经营小班编号(或按原小班编号)。对所有小班注记：分子写小班号、林种，分母写小班面积、优势树种，在与分号线平齐的右侧注记森林类别等。对作业方式不同的小班应用不同颜色，图的比例尺一般为 1∶10 000(或 1∶25 000)。具体做法如下：

①用铅笔按新区划的经营小班界线或原森林二类调查绘制的《基本图》(或《林相图》)的小班界线、作业区界线、林班界线转绘到预绘制作业小班位置图的图纸上。注意整幅图面的布局要合理(目前生产上用复印的办法进行，教学中为了加强学生的基本功，还是手工绘制)。

②给作业小班着色，以表示作业小班在作业区内的位置。对作业方式不同的小班应上不同颜色。

③按各级界线的规定(粗细、长度、虚实)，给小班界线、作业区界线、林班界线着墨。

④按小班、林班的注记要求给小班、林班注记。林班注记：分子写林班号、场名(或村

名），分母写林班面积。

⑤在图上用符号绘制集材点、临时房舍的位置。

⑥绘制图名、图例、指北针、比例尺，编写绘制人、绘图时间等。

⑦绘制图廓线，对图面进行全面清绘。

4. 编制《森林抚育间伐作业设计》说明

森林抚育采伐作业设计说明主要内容有：前言、基本情况、作业设计执行技术标准、作业设计情况、施工技术要求、作业设施设计、收支概算。

在前言中要写明本次森林培育作业的任务根据，根据主要有两个方面：

①上级林业主管部门法律、法规、政策精神和规章制度，以及特殊情况的一次会议精神等；

②被作业设计林场的森林资源状况。

六、实训结果与考核

森林抚育作业设计实训结束后，每个学生都要上交一份《森林抚育间伐作业设计》呈报书。对上交《森林抚育间伐作业设计》呈报书的学生进行全面考核，没有上交《森林抚育间伐作业设计》呈报书的学生，没有被考核的资格。对学生的考核由考核小组来完成，每个考核小组最低由3位实习教师组成(教师组成应该是奇数，便于对有争议的问题进行表决)。考核内容如下：

(1)本次森林抚育作业设计任务的根据　　　　　　　　　　　　　　　(满3分)

(2)基本情况

①设计地点，地理位置，主要山脉、河流，最高海拔。　　　　　　　(满1分)

②设计范围内的社会经济和林业生产情况。　　　　　　　　　　　　(满1分)

③设计范围内的气候、降水、土壤、林木生长等情况。　　　　　　　(满1分)

④作业设计林场的经营面积，符合抚育标准的林分的情况。　　　　　(满1分)

⑤以往森林作业任务完成情况。　　　　　　　　　　　　　　　　　(满1分)

(3)作业设计执行技术标准

①作业区、林班和小班区划情况。　　　　　　　　　　　　　　　　(满4分)

②小班罗盘仪导线实测，记录、展图、精度，作业面积求算。　　　　(满4分)

③标准地罗盘仪实测，记录、展图、精度，标准地面积求算。　　　　(满4分)

④林木分级、每木检尺、确定砍伐木，平均径计算情况。　　　　　　(满4分)

⑤林木高的测定、树高曲线绘制、平均高查定情况。　　　　　　　　(满4分)

⑥造材、出材率、出材量的计算是否准确。　　　　　　　　　　　　(满4分)

⑦蓄积量、采伐量、间伐强度。　　　　　　　　　　　　　　　　　(满4分)

⑧权属，地类，林别，地形地势，土壤，下木，地被物调查。　　　　(满3分)

⑨优势树种，树种组成。　　　　　　　　　　　　　　　　　　　　(满2分)

⑩郁闭度，林龄，龄组。　　　　　　　　　　　　　　　　　　　　(满2分)

⑪林木起源，林相。　　　　　　　　　　　　　　　　　　　　　　(满1分)

⑫抚育间伐种类和抚育间伐方法的确定。　　　　　　　　　　　　　(满2分)

⑬经营措施类型，经营类型。　　　　　　　　　　　　　　　　　　(满2分)

(4)作业设计情况(包括《森林抚育间伐一览表》情况)
①作业设计的小班的数量。　　　　　　　　　　　　　　　　　　(满1分)
②作业设计的类型。　　　　　　　　　　　　　　　　　　　　　(满1分)
③作业面积。　　　　　　　　　　　　　　　　　　　　　　　　(满1分)
④采伐蓄积量。　　　　　　　　　　　　　　　　　　　　　　　(满2分)
⑤设计出材量等。　　　　　　　　　　　　　　　　　　　　　　(满2分)
⑥用工量　　　　　　　　　　　　　　　　　　　　　　　　　　(满2分)
⑦施工时间　　　　　　　　　　　　　　　　　　　　　　　　　(满2分)
(5)施工技术要求
①采伐技术要求。　　　　　　　　　　　　　　　　　　　　　　(满1分)
②保护幼树技术要求。　　　　　　　　　　　　　　　　　　　　(满1分)
③造材技术要求。　　　　　　　　　　　　　　　　　　　　　　(满1分)
④采伐剩余物处理要求。　　　　　　　　　　　　　　　　　　　(满1分)
(6)作业设施设计(包括《作业设施设计一览表》)
①运材道路条数、长度、宽度、砂石量、工时等及经费。　　　　　(满3分)
②楞场面积、修整材料、工时等及经费。　　　　　　　　　　　　(满2分)
③房舍面积、结构、容纳人数、材料、工时等及经费。　　　　　　(满3分)
④其他设备：工具的用量、生活用具等。　　　　　　　　　　　　(满2分)
(7)收支概算(包括《收支概算表》)
①总收入情况，总支出情况；　　　　　　　　　　　　　　　　　(满1分)
②各项收入，各项收入占总收入的比重；　　　　　　　　　　　　(满2分)
③各项支出，各项支出占总支出的比重；　　　　　　　　　　　　(满2分)
④什么材种收入最多；　　　　　　　　　　　　　　　　　　　　(满1分)
⑤哪项工作支出最多，改善工艺能否减少支出；　　　　　　　　　(满3分)
⑥每立方米木材收益情况；　　　　　　　　　　　　　　　　　　(满1分)
⑦分析盈利(亏损)情况。　　　　　　　　　　　　　　　　　　(满1分)
以下由教师审核
(8)绘制作业小班位置图
①图廓线，整个图面布局合理、美观整洁。　　　　　　　　　　　(满2分)
②整个图面色调协调柔和、小班着色饱满不留空白。　　　　　　　(满3分)
③各级界线的粗细、长度、虚实适当。　　　　　　　　　　　　　(满2分)
④小班及林班的注记准确、清楚、字迹大小合理、分线水平。　　　(满2分)
⑤在图上用符号绘制集材点、临时房舍的位置。　　　　　　　　　(满2分)
⑥图名、图例、指北针、比例尺、绘制人、绘图时间齐全美观。　　(满2分)
⑦整个图面具有科学的准确性与艺术的欣赏性的完美统一。　　　　(满3分)
以上47小项，分每一项进行打分。各项得分之和即为考核的总成绩。

成绩等级按优秀、良好、中等、及格、不及格五级划分。90分以上为优秀；89～80分为良好；79～70分为中等；69～60分为及格；60分以下为不及格。

七、说明

①《森林抚育间伐作业设计》实训，是在林木分级、抚育间伐方法确定、抚育间伐指标确定、采伐木的确定等训练后才能进行。

②《森林抚育间伐作业设计》实训的编写，采取既按生产实际，又高于生产实际的原则进行的。因为，教材既要贴近生产实际，又要起到引导生产向科学化、规范化方向发展的任务。

③学生的实训，不能完全等同于生产实际，学生的实训要求每一过程都要充分地表现出来，而生产实际可以将某些过程包含在各部分的程序中。

④《森林抚育间伐作业设计》实训，是按完整的设计过程进行的，每位教师和学校可根据具体情况做出取舍。

⑤1周的实训时间较紧，各校可根据实际需要增加时间。

表Ⅱ-5-1 标 准 地 调 查 簿

_____县(市、区)_____乡(镇)_____林场(村)小地名_____工区_____林班_____
_____小班_____号标准地，林地所有权_____林木所有权_____地类_____森林类别_____林种_____
亚林种_____优势树种_____经营类型_____经营措施类型_____
标准地面积_____hm²　小班作业面积_____hm²　小班面积_____hm²　地位级_____
地形地势：海拔_____坡度_____坡向_____坡位_____土壤名称：_____
土壤厚度_____cm　土壤质地_____土壤含石量_____%　下木名称：_____盖度_____%　地被物名称_____盖度_____%

林 分 因 子 调 查 整 理 表

	林分起源	林龄/龄组	林相	林木组成	郁闭度	平均直径(cm)	平均树高(m)	株数		蓄积量(m³)		采伐强度(%)		采伐量		总出材率(%)	总出材量(m³)
								每公顷	作业小班	每公顷	作业小班	株数	蓄积(m³)	株数	蓄积(m³)		
采伐前																	
采伐后	保留木																
	砍伐木																
备注：																	

调查人：　　　　　　　　　　　　　　记录人：
整理人：　　　　　　　　　　　　　　检查人：　　　　　　　年　　月　　日

实训 5 森林抚育间伐作业设计 ·79·

表 Ⅱ-5-2 小班边界罗盘仪测量记录表

林班： 小班： 小组：

测 站	测 点	磁方位角	倾斜角	斜 距	水 平 距	备 注

测量人：
记录人：　　　　　　　　　　　　　　　　　　　　　　　　　　　年　月　日

表 Ⅱ-5-3 森林作业设计小班边界实测图

N↑

比例尺：
闭合差：
小班面积：

小班注记	林班—小班—面积 类型—树种—年龄	山脊	河流	公路	大车道	楞场	沟系

测量人：
绘图人：　　　　　　　　　　　　　　　　　　　　　　　　　　　年　月　日

表 II-5-4 标准地罗盘仪测量表

_____县(市、区) _____乡(镇) _____村 _____林场 _____工区
林班_____ 小班,小地名:_____ 林地所有权_____ 林木所有权_____ 地类_____
森林类别_____ 林种_____ 亚林种_____ 树种组成_____ 经营措施类型_____
标准地号_____ 标准地面积(hm^2)_____
测量选点与立杆人: 拉尺人: 罗盘仪观测人: 记录人:
检查人: 年 月 日

测站	测点	方位角	倾斜角	斜距	水平距	备注
1	2					
2	3					
3	4					
4	1					
闭 合 差						
测量精度						

表 II-5-5 抚育间伐分级每木检尺表 A(外业用表)

林班: 小班: 树种: 采伐前状况 小组:

径阶\级别\项目	I		II		III		IV		V		合计	
	$n1$	$v1$	$n2$	$v2$	$n3$	$v3$	$n4$	$v4$	$n5$	$v5$	N	V
6												
8												
10												
12												
14												
16												
18												
20												
22												
24												
合计												

平均直径:	cm	平均直径的计算公式:	
平均树高:	m	平均树高的求算方法:	
蓄积量:	m^3/hm^2	标准地蓄积量:	m^3
株 数:	株/hm^2	标准地株数:	株

调查人: 记录人:
统计人: 检查人: 年 月 日
说明:本表是森林经营作业调查所用(纯林用表)。

表Ⅱ-5-6 森林作业设计标准地实测图

N ↑

比例尺：
闭合差：
标准地面积：

测量人：
绘图人：   年   月   日

表 Ⅱ-5-7　抚育间伐分级每木检尺表 A (外业用表)

林班：　　　　　小班：　　　　　树种：　　　　　保留木　　　　　小组：

径阶\项目\级别	Ⅰ		Ⅱ		Ⅲ		Ⅳ		Ⅴ		合计	
	n_1	v_1	n_2	v_2	n_3	v_3	n_4	v_4	n_5	v_5	N	V
6												
8												
10												
12												
14												
16												
18												
20												
22												
24												
合计												
平均直径： 　　　cm					平均直径的计算公式：							
平均树高： 　　　m					平均树高的求算方法：							
蓄 积 量： 　　　m^3/hm^2					标准地蓄积量：　　　m^3							
株　　　数： 　　　株/hm^2					标准地株数：　　　株							

调查人：　　　　　　　　　　　　　记录人：

统计人：　　　　　　　　　　　　　检查人：　　　　　　　年　　月　　日

说明：本表是森林经营作业调查所用(纯林用表)。

表 Ⅱ-5-8　抚育间伐分级每木检尺表 A (外业用表)

林班：　　　　　小班：　　　　　树种：　　　　　采伐木　　　　　小组：

径阶\项目\级别	Ⅰ		Ⅱ		Ⅲ		Ⅳ		Ⅴ		合计	
	n_1	v_1	n_2	v_2	n_3	v_3	n_4	v_4	n_5	v_5	N	V
6												
8												
10												
12												
14												
16												
18												
20												
22												
24												
合计												

(续)

平均直径：	cm	平均直径的计算公式：	
平均树高：	m	平均树高的求算方法：	
蓄 积 量：	m³/hm²	标准地蓄积量：	m³
株　　数：	株/hm²	标准地株数：	株

调查人：　　　　　　　　　　　　　　记录人：

统计人：　　　　　　　　　　　　　　检查人：　　　　　　　年　月　日

表 Ⅱ-5-9　树高测量记录表（外业用表）

林班：　　　　　小班：　　　　　标准地号：　　　　　小组：

径阶	D_i	H_i	D_i	H_i	D_i	H_i	D_i	H_i	D_i	H_i	D	H	备注
6													
8													
10													
12													
14													
16													
18													
20													
22													
24													
26													
28													
30													
32													
34													
36													
38													
40													
42													
44													
合计													

调查人：　　　　　　　　　　　　　　记录人：

统计人：　　　　　　　　　　　　　　检查人：　　　　　　　年　月　日

说明：本表是森林经营作业调查所用（纯林用表）。

表 Ⅱ-5-10　绘制树高曲线图用表（内业用表）

林班：　　　　　　　　　　　　　　小班：　　　　　　　　　　　　　　小组：

绘图人：　　　　　　　　　　　　　检查人：　　　　　　　　　　　年　月　日

表 II-5-11　标准地材种出材量统计表（内业用表）

林班：　　　　　　小班：　　　　　　标准地号：　　　　　　小组：

项　目		材　种	出材量 (m³、根、t)	出材率 (％)	
出材量	规格材	梁　材			
		檩　材			
		加工原木			
		小径原木			
		交手杆			
		坑　木			
		小　计			
	非规格材	橡　材			
		等外材			
	合　计				
林副产品		大　棍			
		小原条			
		小　杆			
		大　柴			
		合　计			

统计人：

检查人：　　　　　　　　　　　　　　　　　　　　　　　　　年　月　日

表 II-5-12　抚育间伐分级每木检尺表 B（外业用表）

林班：　　小班：　　　　混交林（阔叶林）采伐前状况　　　　　　小组：

径阶	优　良　木(培育木)				有　益　木(辅助木)				有　害　木(砍伐木)			
	黄波罗											
合计												

(续)

径阶	优 良 木(培育木)				有 益 木(辅助木)				有 害 木(砍伐木)			
	黄波罗											
株数												
蓄积												
平均直径: cm;平均直径计算公式:					cm;平均直径计算公式:				cm;平均直径计算公式:			
平均树高: m;平均树高求算方法					m;平均树高求算方法				m;平均树高求算方法			
株 数: 株/hm²;标准地株数: 株					株/hm²;标准地株数: 株				株/hm²;标准地株数: 株			
蓄积量: m³/hm²;标准地蓄积量: m³					m³/hm²;标准地蓄积量: m³				m³/hm²;标准地蓄积量: m³			

调查人: 　　　　　　　　　　　　　　　记录人:
统计人: 　　　　　　　　　　　　　　　检查人: 　　　　　　年　月　日
说明: 本表是森林经营作业调查所用(混交林用表)。

表Ⅱ-5-13　抚育间伐分级每木检尺表 B(外业用表)

林班: 　　　小班: 　　　混交林(阔叶林)保留木　　　小组:

径阶	优 良 木(培育木)				有 益 木(辅助木)				有 害 木(砍伐木)			
	黄波罗											
合计												
株数												
蓄积												
平均直径: cm;平均直径计算公式:					cm;平均直径计算公式:				cm;平均直径计算公式:			
平均树高: m;平均树高求算方法					m;平均树高求算方法				m;平均树高求算方法			
株 数: 株/hm²;标准地株数: 株					株/hm²;标准地株数: 株				株/hm²;标准地株数: 株			
蓄积量: m³/hm²;标准地蓄积量: m³					m³/hm²;标准地蓄积量: m³				m³/hm²;标准地蓄积量: m³			

调查人: 　　　　　　　　　　　　　　　记录人:
统计人: 　　　　　　　　　　　　　　　检查人: 　　　　　　年　月　日
说明: 本表是森林经营作业调查所用(混交林用表)。

表 II-5-14　抚育间伐分级每木检尺表 B（外业用表）

林班：　　　小班：　　　　　混交林（阔叶林）采伐木　　　　　　小组：

径阶	优良木（培育木）				有益木（辅助木）				有害木（砍伐木）			
	黄波罗											
合计												
株数												
蓄积												

平均直径：　cm；平均直径计算公式：	cm；平均直径计算公式：	cm；平均直径计算公式：
平均树高：　m；平均树高求算方法：	m；平均树高求算方法：	m；平均树高求算方法：
株　数：　株/hm²；标准地株数：　株	株/hm²；标准地株数：　株	株/hm²；标准地株数：　株
蓄积量：　m³/hm²；标准地蓄积量：　m³	m³/hm²；标准地蓄积量：　m³	m³/hm²；标准地蓄积量：　m³

调查人：　　　　　　　　　　　　　　记录人：

统计人：　　　　　　　　　　　　　　检查人：　　　　　年　月　日

说明：本表是森林经营作业调查所用（混交林用表）。

表 II-5-15 森林抚育间伐一览表　　　　　　　　　单位:m³、根、cm、m

单位	作业林班	作业方式	小班抚育方法	小班面积(hm²)	小班蓄积(m³)	作业面积	作业蓄积(m³)	立地条件						林分起源	亚林种	林分情况:抚育前/抚育后							采伐强度(%)		每公顷采伐量		出材量											林副产品				经济材出材率(%)			用工量	作业时间
								土壤名称	厚度(cm)	坡度	坡向	地位级	坡位			林木组成	林龄	郁闭度	平均直径(cm)	平均树高(m)	株数	蓄积量(m³)	株数	蓄积量(m³)	株数	蓄积量(m³)	经济材				非规格材			合计	大棍根	小原条根m³	小杆根m³	大柴吨	规格材	非规格材	合计	合计	每公顷
																											规格材			小计	小椽材	等外材	小计										
																											标杆材	交手材	原木													
																											小计				小原木											
合计				—	—	—	—			—	—								—	—	—	—	—	—	—	—																	

设计人:　　　　　　　　　　　　　　　　　　　　　　　　　　　　　　　　　　　年　　月　　日
检查人:

表Ⅱ-5-16　作业设施一览表

设施名称	设施面积(m²)或长度(m)	吸引量		连年使用年限	年出材量		用工量(个)	投资额(元)	备注
		面积(hm²)	蓄积(m³)		计	其中：等内材(m³)			
合计									

表Ⅱ-5-17　收支概算表

收入部分					支出部分								
项目	单位	产量	单价	金额	项目	单位	工作量	单价	金额	项目	单位	工作量	单价	金额
梁材	m³				采伐	m³				楞场	m²			
檩材	m³				运输	m³				(土地)	m²			
交手杆	m³				房舍	m²				(材料)				
原木	m³				(土地)	m²				(工时)	工日			
小原木	m³				(材料)									
椽材	m³				(工时)	工日								
等外材	m³				道路	m								
小原条	m³				(土地)	hm²				设计费	m³			
小杆	m³				(材料)					育林基金	m³			
大柴	m³				(工时)	工日				税金	m³			
合计	m³									合计				
盈亏														

实训6 森林主伐作业设计

一、实训目的及要求

森林主伐作业设计综合实训是让学生运用课堂和森林二类、三类调查实践所学过的理论知识与实践技能，根据上级林业主管部门森林限额采伐任务和伐区自然条件，在教师的指导下进行森林采伐伐区规划、伐区森林资源调查、伐区采伐作业设计、伐区调查设计成果编制等工作，以进一步巩固理论知识，加强实践动手能力，培养学生分析、解决问题和独立思考能力。

二、实训条件配备要求

（一）场地条件

具备工艺成熟或经济成熟的用材林作业区；集中或分散的成熟林面积在 9hm² 以上的林分（能够容纳40～50人活动）。

（二）资料条件

1∶10 000（或1∶25 000）的地形图或林业基本图、山林定权图册、伐区采伐规划图，森林总采伐量计划指标、森林资源调查簿、森林资源建档变化登记表、森林采伐规划一览表、伐区调查设计记录用表、测树数表（二元材积表、角规断面积速见表、立木材种出材率表）、采伐作业定额参考表、各项工资标准、森林采伐作业规程等有关技术规程和管理办法等；作业区的气象、水文、土壤、植被等资料；作业区的劳力、土地、人口居民点分布、交通运输情况、农林业生产情况等资料等。

（三）仪器、工具、材料条件

罗盘仪、测高器、皮尺、花杆、视距尺、钢卷尺、卡尺、角规、手锯（或油锯）、砍刀、三角板、绘图直尺、量角器、锄头、铁锹、土壤刀、工具包、计算器、讲义夹、文具盒、铅笔、刀片、毛笔、透明方格纸等。

三、实训内容与时间安排

（一）实训内容

1. 实训前的准备工作
①业务培训、人员组织；
②准备实训仪器、工具、材料；
③选择主伐试验林；

④资料收集。

2. 伐区调查外业工作
①现场踏查；
②伐区调绘；
③伐区调查。

3. 伐区调查内业工作
①内业资料整理；
②伐区平面图绘制；
③主伐更新设计。

4. 森林主伐作业设计成果资料
①绘制伐区平面图；
②编制各类伐区作业设计表；
③编写伐区作业设计说明书。

（二）实训时间

森林主伐作业设计综合实训时间为5d，实训前准备工作1天，伐区调查外业工作2天，伐区调查内业工作2天，森林主伐作业设计成果编制2天。

四、实训的组织与工作流程

（一）实训组织

根据学生业务水平和身体素质，合理调配实训小组人员组成，每组由5~6名学生组成，确定1名小组长，协助指导教师进行实训过程的组织管理。每班配备1~2名实训指导教师。

（二）工作流程图

本实训具体工作流程见图Ⅱ-6-1。

五、实训步骤与方法

（一）准备工作

1. 业务培训、人员组织

伐区调查设计工作安排包括成立专业调查设计队伍，确定外业调查和内业设计人员，进行人员分组分工，制定工作计划。并对参与调查和设计的人员进行业务培训。

2. 实训仪器、工具、材料

以调查小组为单位配备：罗盘仪、测高器、皮尺、花杆、视距尺、钢卷尺、卡尺、角规、手锯（或油锯）、砍刀、三角板、绘图直尺、量角器、锄头、铁锹、土壤刀、工具包、计算器、讲义夹、文具盒、铅笔、刀片、毛笔、透明方格纸等。

3. 选择主伐试验林

选择集中或分散工艺成熟或经济成熟面积在9hm^{2}以上的用材林作业区。

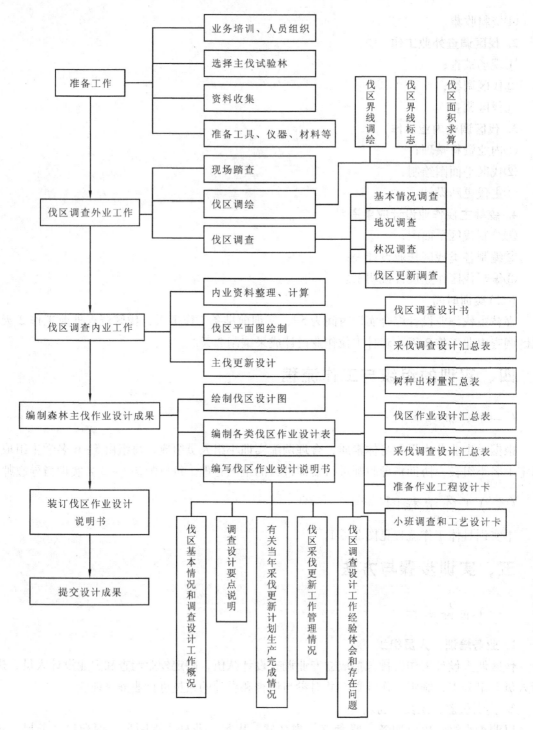

图 Ⅱ-6-1　森林主伐作业设计主要工序流程图

4. 资料收集

调查前应收集各类资料：1:10 000（或1:25 000）的地形图或林业基本图、山林定权图册、伐区采伐规划图、森林总采伐量计划指标、森林资源调查簿、森林资源建档变化登记表、森林采伐规划一览表、伐区调查设计记录用表、测树数表(二元材积表、角规断面积速见表、立木材种出材率表)、采伐作业定额参考表、各项工资标准、森林采伐作业规程等有关技术规程和管理办法；作业区的气象、水文、土壤、植被等资料；作业区的劳力、土地、人口居民点分布、交通运输情况、农林业生产情况等资料。

5. 准备主伐作业设计内外业用表

《罗盘仪导线测量记录表》《土壤调查记载表》《植被调查记载表》《全林、标准带每木调查记录表》《标准地每木调查记录表》《圆形标准地调查记录表》《树高测定记录表》《角规测树调查记录表》《标准地(带)调查计算过渡表》《样圆(角规)调查综合计算表》《伐区调查设计书》《伐区蓄积量出材量计算表》《森林采伐调查设计汇总表(一)》《采伐调查设计汇总表(二)》《伐区作业设计汇总表(三)》《采伐设计汇总表(四)》《准备作业工程设计卡》《小班调查和工艺(作业)设计卡》。

(二)伐区调查外业工作

1. 现场踏查

初步确定作业区范围、边界；核对林况、地况和森林资源；初步确定作业区、楞场、工棚、房舍等位置，集材与运材路线，制定实施采伐作业设计技术方案和工作计划。

2. 伐区调绘

(1)伐区界线调绘

①1:10 000 比例尺的地形图定界

- 有 1:10 000 比例尺地形图的，一律以地形图为底图定界。
- 以图上和实地的地物、地貌标志为依据，现场判定伐区界线；没有明显地物、地貌标志的地段，用仪器辅助测量定界。
- 界线移位允许误差，有明显地物、地貌标志的不得大于图上的 0.1mm，没有明显地物、地貌标志的不得大于 0.2mm。
- 伐区面积误差不超过 5%。

②罗盘仪导线实测定界 若没有 1:10 000 比例尺地形图的单位，伐区蓄积量测定采用典型调查推算的，经营水平较高和技术力量又较强的，可选择罗盘仪导线实测定界，绘制 1:10 000比例尺的伐区平面图。测量要求：

- 以视距法为主测闭合导线，闭合差不大于 1/100。
- 测站间距不超过 200m，误差不大于 1/50；角偏不大于 1°。
- 视距测量距离换算公式 $L = K \cdot l \cdot \cos2\alpha$，$L$ 为实地距离(m)，K 为视距乘常数(如 95、100、105 等)，l 为视尺夹距离(m)，α 为倾角。皮尺丈量距离换算公式 $L = L' \cdot \cos\alpha$，L' 为皮尺量测斜距。
- 测量起点应设在明显的地物点上，引点位和每个测站都应埋设标桩。木桩规格小头去皮直径 3~4cm，长 30~50cm。
- 伐区界线附近的道路、山脊、河流等地物标志必须调绘。
- 面积量测误差不超过 5%。

(2)伐区界线标志

①伐区外靠近界线的树木，应刮皮为记；

②伐区界线转折点，应选择界外最近的3株树作为定位树进行刮皮、编号、划胸高线，并记载定位树的编号、树种、胸径、转折点号，以及定位树与转折点的相对位置；

③界外10m内没有树木的地段应埋设木桩。

(3)伐区面积计算

①伐区面积求算 以调绘底图为基础，采用网点板法量算（数毫米方格）或仪器测定面积。

②面积求算两次，其差值：$5hm^2$以上的不超过1/50，$5hm^2$以下不超过$0.1hm^2$。符合精度要求后取平均值，否则应再次量算。

③河流、道路、高压线路等线状物按实际长、宽计算面积，在伐区中扣除；小块状地物应扣除的面积，以外业实际记载面积计算。

3. 伐区调查

(1)基本情况

包括伐区行政位置、林班和小班号、地名和位置、地类或林种、树种、林分起源、山林权属、可及度以及林分历史情况等。可按照森林资源二类调查小班簿进行记载，不足部分通过补充调查或访问。

(2)地况调查

①地形地势调查 坡度、坡向、海拔等。

②土壤调查 要在地形地势、土壤、植被有代表性的地段，设置调查点，挖掘土壤剖面调查记载。调查点数量：$4hm^2$以下不少于3个，$4\sim6hm^2$ 3~5个，大于$6hm^2$应设置5个以上。

(3)林况调查

包括树种组成、年龄或龄级、郁闭度、平均胸径、平均树高、株数/hm^2、蓄积量/hm^2等。

①全林分每木检尺调查

• 胸径量测 用测树钢围尺对符合量测条件的林木，逐株量测1.3m处的胸径；以2cm为计数单位，采取上限排外法整化组合径阶，用"正"字记载，并统计各径阶的株数，径阶归组如5.0~6.9为6径阶，7.0~8.9为8径阶……第三，统计各树种、各径阶株数，用平均断面积法计算平均胸径值。$D^2 = (D_1^2 \times n_1 + D_2^2 \times n_2 + \cdots + D_i^2 \times n_i)/(n_1 + n_2 + \cdots + n_i)$。起测胸径为5.0cm，这是因为我国森林资源调查技术规定起测胸径起点为5.0cm；材积表也从5.0cm起算蓄积；同时5.0cm以上胸径可以造材利用。

• 树高测定 分别树种、径阶选择标准木测定树高；中间径阶测定3~5株，中间相邻径阶测2~3株，其他径阶测1~2株；测高误差，单株误差不超过5%或0.5m；用方格纸，根据各径阶测高记录，分别树种绘制树高曲线图，并从中查得各径阶树高（理论值）；灌木林层和大径阶树木株数较少的，可直接测1~2株，作为径阶树高。

用测坡仪器测定树木高度：

$$H = L \cdot \sin(\alpha + \beta)/\cos\alpha \text{ 或 } H = L \cdot \sin(\alpha - \beta)/\cos\alpha$$

式中 H——树高；

L——观测点至树基处的斜距；

α——观测树梢的仰角；

β——观测树基处的俯角(人在下坡时 β 为仰角)。当 β 为俯角时,式中括号内取正号;当角 β 为仰角时取负号。树木高度量测应从不同方向进行两次,两次误差在 5% 内,取平均值为树木高度。

- 蓄积量计算 根据各树种、各径阶树高,查各省(自治区、直辖市)的《二元立木材积表》,得各树种、各径阶单株材积;分别树种,根据各径阶单株材积和采伐木、保留木株数,计算径阶保留木、采伐木蓄积量,累计各径阶采伐木、保留木蓄积量为相应的树种采伐木、保留木蓄积量;分别树种、采伐木和保留木,以伐区蓄积量除以相应面积,得单位面积蓄积量;伐区林木蓄积量测定误差允许 5%。

②方形标准地调查

- 标准地设置 标准地形状为正方形,面积为 666.7 m²;标准地块数,4hm² 以下一般设置 3 块,每增加 2hm² 另增 1 块标准地;标准地排列,一般应在伐区内系统设置;地形较复杂地段,可典型选择,经过勘察了解伐区全貌后,确定标准地设置的位置;典型布设的标准地,要确定其代表面积比例。

- 标准地测量 根据伐区形状和标准地排列确定方位角,伐区内各标准地方位应一致;用罗盘仪定向,皮尺量距,测定标准地周界;要求周界各边方位角误差≤1°,量距误差≤1/100,周界测量闭合差≤1/200;标准地四角要埋设小头去皮直径 6~8cm,长 60cm 的木桩,并用红油漆书写标准地号和角标位置。

- 标准地调查 量测胸径:用钢圈尺每木量测胸高直径,以 2cm 为径阶,记载径阶株数;检尺总株数误差不超过 2%,各径阶株数误差不超过 5%;落在边界的树木,东、南边上的量测,西、北边上不测;择伐、渐伐标准地,应分别采伐木和保留木记载;用平均断面积计算平均胸径值。测定树高:分别树种、径阶选择标准本,用测高器测定树高;中间径阶测定 2~3 株,其他径阶测 1~2 株;测高误差,单株误差不超过 5% 或 0.5m;用方格纸,根据各径阶测高记录,分别树种绘制树高曲线图,并从中查各径阶树高。

- 蓄积量计算 标准地蓄积量计算,根据各树种、各径阶胸径,查各省(自治区、直辖市)《二元立木材积表》,得各树种、各径阶单株材积,各径阶保留木和采伐木株数乘以径阶单株材积为径阶蓄积,径阶蓄积量计为各树种的保留木和采伐木蓄积量。根据标准地每公顷蓄积量和比例成数综合为伐区公顷平均蓄积量。各树种保留木和采伐木每公顷平均蓄积量乘以伐区面积,得出树种、分别采伐木和保留木蓄积量。蓄积量测定误差,应不超过 10%。

③带状标准地调查

- 标准带设置 标准带形状为长方形,以中线为控制线(用测绳控制),中线一般与等高线相垂直,标准带宽度视调查面积而进行测算,为保证调查精度,带度一般不低于 10m,以标杆控制宽度。调查面积不少于伐区总面积 10%。标准带个数,6hm² 以下少于 2 个,6hm² 以上不少于 3 个。标准地排列,一般在伐区内典型选择,从下坡到上坡或从上坡到下坡设置。设置标准带要确定代表面积比例,若设置标准带代表性强,各标准带的比例成数可相同。标准带中线长度用测绳量测,中线坡度用罗盘仪或测坡仪分段测定,改算水平距,计算标准带面积。标准带面积(hm²) = 改正后带长(m) × 宽(m)/10 000。

- 调查方法 标准带每木检尺时,要注意保持中线通直,严格控制带宽,界线上树木一边检尺,一边不检尺。标准带具体调查和计算方法同方形标准地调查法,但标准带蓄积量需换算为每公顷数值。

④圆形标准地设置

• 圆形标准地设置　标准地形状为圆形,半径为 3.26m,面积为 33.3 m²,扩大 300 倍为 1hm²。标准地块(群)数,4hm² 以下不少于 15 个点(或 8 个群),每增加 2hm² 加设 3～5 个点(或 1～2 个群),每群设 4 个点。标准地群、点排列,采用系统或典型设置,各群内的样点排列要一致。标准地中心点,应埋设小头去皮直径 6～8cm,长 60cm 木桩作记。典型设置标准地,要根据其代表面积,确定其比例成数。

• 样圆调查　分别树种、分别采伐木和保留木调查记载。量测胸径:用钢围尺对落在界内的树木,量测其胸径值,用平均断面积法求得平均胸径值。平均胸径测定误差不得超过 0.5cm。计测每公顷株数:计测界内范围树木的株数,落在界上以半株计入,扩大 300 为每公顷株数,株数误差不超过 2%。测定树高:选择接近平均胸径的树木 1～2 株,用测高器测定其树高,取平均值为该点位的平均树高值,平均高测定误差不超过 5% 或 0.5m。

• 蓄积量计算　分别树种、分别采伐木和保留木计算。根据样圆点平均胸径、平均树高查各地的《二元立木材积表》得平均单株材积,乘以相应树种采伐木和保留木的每公顷株数,求得对应的点位每公顷蓄积量。综合伐区各点的每公顷蓄积量,为每公顷平均蓄积量。伐区每公顷蓄积量乘以伐区面积得伐区总蓄积量。蓄积量测定允许误差应小于 10%。

⑤角规控制检尺调查

• 观测点布设　观测点数量:以小班面积规定最低数量,4hm² 以下的不少 15 个点或 6 个群,每增加 2hm²,增设 2～3 个点(或 1～2 个群),每群设 4 个样点。观测点位确定:根据伐区面积和形态,采取系统布设或典型设置。设样群的,各群内的点排列要一致。

• 断面积测定　角规缺口选用:角规长度通常为 50cm,舰板缺口常用 1.0cm 和 1.4cm 两种,入测的每株立木代表的每公顷断面积分别为 1 m² 和 2 m²。相切、相割木测定:分别树种逐株观测 1.3m 处,相割为 1 株,相切为 0.5 株,相余为 0。难以判断的,必须量距控制检尺,确定计数。根据观测点入测株数和缺口大小,确定所代表的每公顷断面积值。观测点坡度计算:每个观测点要测其所处的坡面的倾斜角,并改算观测点树木胸高断面积值。注意事项:观测点位置要确保有效观测距离;有效距离 ≥ 最大胸径值 × 角规杆长/角规缺口;观测树木必须绕测 2 次,2 次观测值要一致;观测时,角规杆顶端要紧贴眼睛;典型设置的角规点,要确定其代表的面积比例;角规点要埋设去皮直径 6～8cm,长 60cm 的木桩,并用红漆书写点号。

• 平均胸径和平均树高测定　结合断面积测定,每观测点目测最近 6 株树木,用钢围尺测定其单株胸径值,用平均断面积法求平均胸径值。

$$D^2 = (D_1^2 + D_2^2 + \cdots + D_i^2)/N$$

每个角规点选择 2～3 株有代表性的、胸径接近平均胸径值的标准木,用测高器测其树高。最后,综合求得伐区各树种平均胸径和平均树高。平均胸径测定误差应不大于 0.5cm,平均树高允许误差 5% 或 0.5m。

• 林木蓄积量计算　以角规点各树种改正后平均断面积、平均树高,查各地的《林分断面积蓄积量速见表》,得角规点每公顷林木蓄积量。根据各角规点每公顷蓄积量及相应点代表面积比例,综合成伐区每公顷平均林木蓄积量。各树种每公顷平均蓄积量乘以伐区面积为各树种采伐林木的蓄积量。蓄积量测定误差应小于或等于 10%。

(4)伐区更新调查

①以伐区为单位,在采伐调查同时,利用机械设置的调查带(线)或蓄积量调查的标准地(带)上布设样方,进行更新调查。

②调查内容与要求

• 幼苗、幼树　树木胸径尚未达到检尺径阶,针叶树高 30cm 以上,阔叶树高 100cm 以上的为幼树;幼树标准以下达到木质化的苗木为幼苗。

• 幼苗幼树株数计算　幼苗幼树株数计数单位为1,每平方米幼苗幼树的计算方法:

——出现几个树种,取1个目的树种或珍贵树种;

——有若干株树或幼苗,均按1株幼树或幼苗计算;

——同时有幼树,幼苗按幼树计算;

——有效更新株数按幼树计算,幼苗和不健康植株按半株计数。

• 频度计算　频度计算以样方为单位,样方频度计法:

——样方内出现几个树种,取1个目的树种或珍贵树种;

——同时有目的树种和珍贵树种,取珍贵树种;

——样方内有树频度为"1",无树频度为"0"。频度按百分数表示,其计算公式为:

$$频度 = 有树样方数/总样方个数 \times 100\%$$

• 起源划分　天然更新,分种子更新和萌芽更新;人工更新,分直播和植苗。

• 幼苗幼树树高测定　量测幼苗幼树高度分别树种、树高组记载。

• 幼树分布状况　分团状、均匀、散生,以整个伐区目测记载。

• 幼树生长状况　分健康和不健康。

③更新等级评定　根据更新调查,造林保存率等级划分标准和天然更新评定标准,评定人工更新或天然更新等级,初步拟定更新方式和更新措施。

(5)毛竹伐区调查

①毛竹株数调查　毛竹伐区调查可采用圆形标准地(半径3.26m)调查法,调查方法同前所述。样圆内,凡胸径4.0cm(含4.0cm)以上的活立竹,分别采伐竹、保留竹计测各度株数。通过样圆调查,综合求出各点的伐前、伐后及采伐的平均株数和平均度数,再算出伐区总立竹数、采伐总株数,确定采伐强度。乔木伐区的散生竹采伐,可结合林木伐区调查进行。伐区内采伐的毛竹须用红漆作记。

②毛竹年龄测定　毛竹龄级按6度计测,测定方法采用观察竹秆色法识别。

• 1年生(1度)的毛竹秆深绿色,鞘环上有褐色"睫毛",鞘环下部有一圈白粉;

• 2～3年生(2度)的毛竹秆绿色,鞘环上有褐色毛稀疏或脱光、鞘环下的白粉环颜色变成深灰;

• 4～5年生(3度)的毛竹秆绿色,秆上灰白色蜡质层较厚,鞘环下的白粉环变成灰黑色;

• 8～9年生(5度)的毛竹秆呈绿黄带古铜色,秆上灰白色蜡质层开始脱落;

• 6～11年生(6度)以上的毛竹秆呈古铜色,秆上灰白色蜡质层大部分脱落,并带有病斑痕。

已建立毛竹档案的地方,可根据现场标记的毛竹生长年份进行推算。

(三)伐区调查内业工作

1. 伐区平面图的绘制

①伐区平面图应以调绘的底图为基础。

②伐区平面图应标出伐区界线、地物和地貌、伐区编号、转折点编号及与定位树相对位置、界线上测点和测线(有实测的)、比例尺、调绘时间、测绘者姓名和单位等。

③伐区平面图一律以正上方为北,正下方为南,右方为东,左方为西。

2. 主伐更新设计

(1)采伐方式的确定

主伐分为皆伐、渐伐和择伐3种方式。3种采伐方式适用范围和特点比较见表Ⅱ-6-2:

表Ⅱ-6-2　3种采伐方式设计适用范围和主要特点比较表

方式		皆伐	择伐	渐伐
林分条件		(1)成熟单层林 (2)中幼树少的异龄林 (3)需要更新树种	(1)成熟复层林 (2)中幼林木较多 (3)皆伐后容易引起水土流失的单层林	(1)成熟单层林 (2)天然更新能力强 (3)土层薄、不易人工更新
种类		带状、块状	经营择伐、采育择伐、径阶择伐	
采伐强度		100%	主伐择伐强度40%,保留郁闭度0.5;更新采伐择伐强度30%,保留郁闭度0.6	第一次采伐强度30%;第二次采伐强度50%
特点	优点	(1)方法简单 (2)成本低 (3)易于更新	(1)更新成本低 (2)有利环境保护 (3)天然更新能力差	(1)天然更新好 (2)水土保持条件好
	缺点	(1)水土保持能力差 (2)天然更新能力差	(1)技术要求高 (2)采伐单位成本高	(1)技术要求高 (2)采伐单位成本高
注意事项		(1)要严格控制采伐面积 (2)要尽量降低伐根 (3)要充分利用采伐剩余物	(1)要正确选择采伐成木 (2)要严格控制采伐强度 (3)要注意保护幼树、幼苗	(1)要正确选择采伐成木 (2)要严格控制采伐强度 (3)要注意保护幼树、幼苗

皆伐一般采用块状皆伐或带状皆伐,采伐年龄执行《森林资源规划设计调查主要技术规定》,皆伐面积最大限度见表Ⅱ-6-3。

表Ⅱ-6-3　皆伐面积限度表

坡度(°)	≤5	6~15	16~25	26~35	>35
皆伐面积限/hm²	≤30	≤20	≤10	≤5(南方)北方不采伐	不采伐

(2)采伐年龄设计

主伐年龄,以合理利用森林资源为目的,视培育目的材种、立地类型、林分生长状况等因素,分别按树种、起源确定,未经批准不准随意修改。已编制森林经营方案(经上级林业主管部门审批)的单位,林木主伐年龄可根据经营类型规定的主伐年龄执行;更新采伐年龄一般是同树种用材林主伐年龄的1.5~2.0倍。如设计的采伐年龄与现行规定不一致时,应按规定报经上级主管部门审批后执行。我国主要树种采伐年龄见表Ⅱ-6-4:

表Ⅱ-6-4 主要树种的更新采伐年龄

树种	地区	起源	更新采伐年龄(年)	树种	地区	起源	更新采伐年龄(年)
红松、云杉、铁杉	北方	天然	161	杨、桉、楝、泡桐、木麻黄、枫杨、槐、白桦、山杨	北方	天然	61
		人工	121			人工	31
	南方	天然	121		南方		
		人工	101			人工	26
落叶松、冷杉、樟子松	北方	天然	141	桦、榆、木荷、枫香	北方	天然	81
		人工	61			人工	61
	南方	天然	121		南方	天然	71
		人工	61			人工	51
油松、马尾松、云南松、思茅松、华山松、高山栲	北方	天然	81	栎(柞)、栲、椴、水曲柳、核桃楸、黄波罗	不分南北	天然	121
		人工	61				
	南方	天然	61				
		人工	51			人工	71
杉木、柳杉、水杉	南方	人工	36	毛竹	南方	人工	7

注:未列树种的更新采伐年龄由省(自治区、直辖市)林业主管部门另行规定。

(3)采伐强度设计

不同采伐方式的采伐强度见表Ⅱ-6-2。

(4)材种出材量设计

①材种出材量构造

• 材种出材量按规格可分为:

规格材:指小头去皮直径14cm以上,长度2m以上。

小径材:指小头去皮直径6~14cm,长度2m以上。

短小材:指小头去皮直径14cm以上,长度不足2m;或小头去皮直径4cm以上,长度1m以上。

• 材种出材量按用途可分为:

商品材:指作为商品流通的木材或国有木材生产单位自用材。

自用材(含培植业用材):指农民自己生产自己使用,未经过市场流通的木材。

薪炭材:指生活或生产的烧柴和木炭所消耗的木材。

②材种出材率确定

• 各树种树干规格材、小径材、短小材出材率,根据平均胸径、平均树高,查各省(自治区、直辖市)《立木树干材种出材率表》。

• 各树种不计蓄积量的枝桠条的小径材、短小材出材率,暂由各地自定。

• 规格材中原木、等外材出材率比例,根据当地每年木材生产统计的实际情况确定。

③出材量计算基础

• 全林分每木调查法和方形标准地、标准带调查法,以径阶为基础计算材种出材量。

• 圆形标准地调查法和角规控制检尺调查方法,以点位为基础计算材种出材量。

• 不计蓄积量的枝桠条的非规格材出材量,以伐区为单位计算。

④出材量计算方法

出材量 = 蓄积量 × 出材率

应分别树种,由出材量计算基础单位(点位或径阶),综合或折算为伐区材种出材量。

⑤出材量测算精度要求　要求各树材种出材量计算,在蓄积量测定精度基础上不得有误;设计的总出材量经过合理造材检验,精度应高于90%;分项出材量不低于85%。

(5)集材方式、集材道、生产组织、清林方式、楞场、伐区生产工艺设计

①集材方式　包括绞盘机、索道、拖拉机、板车、渠道、滑道、畜力、人力集材等。各集材方式的一般适用范围见表Ⅱ-6-5。

表Ⅱ-6-5　不同集材方式的适用范围

类型	适宜条件			备注
	地形	纵坡度(°)	出材量(m^3/hm^2)	
拖拉机	地形平坦或起伏不大	<15°	北方材区:>75	对地表有一定破坏
绞盘机	地势平坦或起伏不大	<25°	>120	防止拖曳破坏土壤植被
动力索道	丘陵或高山地区	<25°	>80	对地表、树木的破坏小,适宜在陡坡或复杂地形。机械设备转移困难
无动力索道	丘陵或山岳地区	<15°	>50	
板车	地势较平坦、岩石较少	<8°	>15	
滑道	不受地形限制	<25°	>不限	易造成冲蚀沟
人力、畜力	丘陵或高山林区	<20°	>不限	
运木水渠	高山林区水源充足	<4°	>75	

②集材道设计　集材道布局:宜上坡集材;远离河道、陡峭和不稳定地区;应避开禁伐区和缓冲区;应简易、低价,宜恢复林地;不应在山坡上修建造成水土流失的滑道。技术要求:集材主道最大坡度为25°,集材支道最大坡度为45°,不同集材道的主要技术参数见表Ⅱ-6-6。

表Ⅱ-6-6　不同集材道的主要技术参数

集材道类型	宽度(m)	最大纵坡(°)	最小平曲线半径(m)	经济集材距离(km)	备注
拖拉机道	3.5	8	7~10	2.5	如果半径取小值,弯道内侧应加宽
胶轮板车道	2.0	8	5.0	1.5	
索道		45		1.0	转弯偏角30°以下
人力、畜力集材道	2.0	15	人力不限,畜力20.0	0.5	
运木渠道	0.8(底宽)	7	50.0	2.5	
滑道	1.0	45	≥80	1.5	

③生产组织设计　工序安排;生产设备;劳动组织和人员配备;伐区生产季节。

④清林方式设计　应在采伐作业后及时进行采伐迹地、楞场和装车场、临时性生活区、集材道、水道等的清理工作。详见中华人民共和国林业行业标准:森林采伐作业规程(LY/T 1646—2005)。

⑤楞场设计　在伐区面积较大、运输距离较长等情况下,可设置楞场。详见中华人民共

和国林业行业标准：森林采伐作业规程（LY/T 1646—2005）。

⑥伐区生产工艺设计　伐区生产按伐木、打枝、造材、集材、归楞、装车、原木检尺与分级、清林工艺流程进行，具体设计和技术要求详见中华人民共和国林业行业标准：森林采伐作业规程（LY/T 1646—2005）。

（6）森林更新设计

①确定更新方式　择伐、渐伐林地一般采取天然更新或人工促进天然更新。皆伐的林地视伐区更新调查的幼苗幼树状况而具体确定：林地有均匀分布的目的幼树，每公顷 3 000 株以上，采伐后未炼山，能保证更新成功的，可采用天然更新；林地均匀分布目的幼树，每公顷 1 500 株以上，或在疏林地和采伐迹地上，每公顷生长有健壮的目的幼树 1 200 株以上，分布均匀，通过抚育等人为措施有希望成林的，可采用人工促进天然更新；达不到人工促进天然更新条件的，可采用人工更新。

②更新树种设计　根据国民经济发展和社会生态效益等需要，结合立地环境条件设计适宜的树种。

③造林密度设计　设计造林密度原则：用材林、防护林在造林后较短时间内都郁闭成林，经济林在成林时树冠能不重叠或疏开。具体确定造林密度外，还要考虑林种、树种特性、立地条件和经营水平等因素。

④造林类型设计　为提高造林更新成效，各县（市、区）应结合森林经营方案编制，结合本地实际，编制一套既科学又可行，并涵盖当地造林类型的造林类型表。在伐区更新造林设计时，应根据立地条件、经营目的，进行合适的造林类型设计。

（7）毛竹采伐设计

①毛竹采伐方式设计　毛竹采伐采用择伐。择伐方式分为隔年单株择伐、连年单株择伐。择伐方式应因地制宜确定。

②毛竹采伐年龄和强度设计　毛竹要求 3 度以上留养，4 度抽砍，5 度填空（长在密的地方砍，长在稀的地方留），7 度以上的毛竹不应保留。即："存三（度）去四（度）不留七（度）"。一般毛竹林每公顷应保留 2 500 株，其中 1~3 度的株数应占 75%，4~5 度合占 25%。以生产竹浆、篾为目的的毛竹林，采伐年龄可适当提早些。

（四）编制森林主伐作业设计成果

1. 绘制伐区设计图

①伐区设计图应以伐区平面图为基础。

②伐区设计图应标出等高线，反映伐区位置、四至界线、小班号、伐区编号、采伐面积、采伐蓄积、交通、集材、工舍、车库、楞场等情况，必要时可作适当的文字说明；比例尺和图例；绘制时间、测绘者姓名和单位等。

③伐区设计图一律以正上方为北，正下方为南，右方为东，左方为西。

2. 编制各类伐区作业设计表

（1）填写有关记录计算表

包括《罗盘仪导线测量记录表》《土壤调查记载表》《植被调查记载表》《全林、标准带每木调查记录表》《标准地每木调查记录表》《圆形标准地调查记录表》《树高测定记录表》《角规测树调查记录表》《标准地（带）调查计算过渡表》《样圆（角规）调查综合计算表》《伐区调查设计书》《伐区蓄积量出材量计算表》(见表Ⅱ-6-8 至表Ⅱ-6-24)。不同调查方法,伐区调查设计各类记录计算表组成不同。全林(标准带)每木检尺调查包括表Ⅱ-6-8、表Ⅱ-6-9、表Ⅱ-6-10、表Ⅱ-6-11、表Ⅱ-6-17、表Ⅱ-6-19,标准地调查包括表Ⅱ-6-8、表Ⅱ-6-9、表Ⅱ-6-10、表Ⅱ-6-12、表Ⅱ-6-15、表Ⅱ-6-17、表Ⅱ-6-19,圆形标准地调查包括表Ⅱ-6-8、表Ⅱ-6-9、表Ⅱ-6-10、表Ⅱ-6-13、表Ⅱ-6-17、表Ⅱ-6-19,角规控制检尺调查包括表Ⅱ-6-8、表Ⅱ-6-9、表Ⅱ-6-10、表Ⅱ-6-14、表Ⅱ-6-17、表Ⅱ-6-19。

(2)编制伐区作业设计汇总表

包括《森林采伐调查设计汇总表(一)》《采伐调查设计汇总表(二)》《伐区作业设计汇总表(三)》《采伐设计汇总表(四)》《准备作业工程设计卡》《小班调查和工艺(作业)设计卡》。

3. 伐区作业设计说明书的编写

以县(市、区)为单位编写年度伐区调查设计工作说明书,主要内容包括:

①前言(伐区基本情况和调查设计工作概况) 采伐小班布局,区域内立地条件及特点,社会经济及交通运输条件,调查设计前森林经营状况,调查设计人员组织、时间安排和质量检查验收情况。

②调查设计要点说明 伐区调查设计依据,伐区调查方法和精度,确定森林采伐更新方式、组织伐区生产和拟定森林经营措施的依据。

③有关当年采伐更新计划生产完成情况 当年采伐限额执行情况,凭证采伐情况,伐区清理作业质量和森林利用状况;完成更新造林数量和质量情况,现有林经营状况,更新成林面积和比率。

④伐区采伐更新工作管理情况。

⑤伐区调查设计工作经验体会和存在问题。

4. 有关要求

①认真按照技术标准和调查方法规定,对伐区调查设计书及图表进行认真计算、记载和校核,消除差、错、漏项现象。

②调查设计的计算记载单位,面积为公顷(hm^2),蓄积量、出材量为立方米(m^3);树高为米(m),胸径为厘米(cm),各因子均保留小数点后1位。

③伐区调查设计书及图表中的有关单位、人员、证号、日期栏目应签注或盖章。

六、实训结果与考核

(一)考核方式

森林主伐作业设计综合实训考核方式包括过程考核和结果考核两部分,其中过程考核占30%,结果考核占70%。

(二)实训成果

每人应上交综合实训报告1份,其内容如下:

①伐区作业设计说明书;

②伐区作业设计平面图和设计图;

③各类伐区作业设计记录计算和设计表。

包括《罗盘仪导线测量记录表》《土壤调查记载表》《植被调查记载表》《全林、标准带每木调查记录表》《标准地每木调查记录表》《圆形标准地调查记录表》《树高测定记录表》《角规测树调查记录表》《标准地(带)调查计算过渡表》《样圆(角规)调查综合计算表》《伐区调查设计书》《伐区蓄积量出材量计算表》《森林采伐调查设计汇总表(一)》《采伐调查设计汇总表(二)》《伐区作业设计汇总表(三)》《采伐设计汇总表(四)》《准备作业工程设计卡》《小班调查和工艺(作业)设计卡》。

(三) 成绩评定

实训结束后根据学生的实践操作熟练程度及伐区调查设计质量；组织纪律；工作态度；团结协作等五个方面由指导教师综合评定成绩。其中伐区设计质量占70%，其余四项占30%。通过综合评分划分等级分：优秀、良好、及格、不及格四级制，伐区设计质量评分标准见表Ⅱ-6-7。

表Ⅱ-6-7 伐区调查设计质量标准

检查项目	标准分（总分100）	技术标准	扣分标准
设计资料	10	完整、准确、规范，平面图表格数字清晰，概算依据充分	缺、错一项扣5分
小班区划	15	位置准确，测量标志齐全，一个小班内不应出现1hm^{2}以上的不同林分类型	标志缺一项扣3分，出现的不同林分类型扣10分
缓冲区	5	宽度合理，测量标志齐全	宽度不合理扣2分，测量标志不齐全扣3分
面积	10	允许误差5%(1:10 000地形图勾绘面积允许误差为10%)	每超过±1%扣1分
株数	5	允许误差10%	每超过±1%扣1分
蓄积	5	允许误差10%	每超过±1%扣1分
出材量	5	允许误差10%	每超过±1%扣1分
龄级	5	允许误差1个龄级	每超过2个龄级扣2分
树种组成	5	目的树种(优势树种)允许误差±10%	超过误差扣5分
郁闭度	5	允许误差±0.1	超过误差扣5分
采伐工艺设计	15	采伐类型、采伐强度、采伐方式、道路、集材道、楞场设计合理	缺、错一项扣5分
采伐木标记	15	允许误差5%	每超过1%扣3分

七、说明

①适用范围 本实训指导适用于三年制高职高专林业技术专业；也可作为五年制同专业或相近专业参考。

②实训内容与方法可根据不同地区实际情况自行选择。

③实训时间5天偏少，各校可据实际情况适当调整时间。

表Ⅱ-6-8　罗盘仪导线测量记录表

工区：_____　　林班：_____　　小班：_____　　　　　年　月　日

测站	测点	前视方位角		后视方位角		倾斜角		距离(m)		备注
		度	分	度	分	度	分	斜距(视距)	水平距	

观测者：_____　　　　　量距者：_____　　　　　记录者：_____

表Ⅱ-6-9　土壤调查记载表

林班：_____　小班：_____　剖面位置：_____　土壤名称：_____
植被名称：_____
海拔高度：_____　坡向：_____　坡度：_____　坡位：_____

层次			
深度			
采集深度			
颜色			
质地			
结构			
干湿度			
松紧度			
根系			
新生体			
侵入体			
pH值			
土内害虫			

调查者：_____　　　　　　　　　　　　　　　记录者：_____

表Ⅱ-6-10　植被调查记载表

林班：_____　小班：_____　面积：_____　地点：_____
海拔：_____　坡度：_____　坡向：_____　土壤种类：_____
群落名称：_____
总覆盖度：_____　灌木覆盖度：_____　草本覆盖度：_____

灌木名称	平均高度	多　度	生长情况

草本名称	平均高度	多　度	生长情况

群落形成的原因_____
对植被处理意见_____
调查人：_____　　　　　　　　　　　　　　　　　年　月　日

表 II-6-11 全林、标准带每木调查记录表

工区：　　　　　林班：　　　　　小班：　　　　　树种：
标准带号：　　　　　标准带面积：　　　　　　　　年　月　日

径阶(cm)	株　数		D^2	$D^2 \times n$
	实测（画"正"字） n	计		
6			36	
8			64	
10			100	
12			144	
14			196	
16			256	
18			324	
20			400	
22			484	
24			576	
26			676	
28			784	
30			900	
32			1 024	
34			1 156	
36			1 296	
38			1 444	
40			1 600	
42			1 764	
平均胸径 (cm)	$D = \sqrt{\dfrac{\sum n_i d_i^2}{N}}$		计	

调查者：　　　　　　　　　　　　　　　　　　　　　　　　记录者：

表 II-6-12 标准地每木调查记录表

工区：　　　　　林班：　　　　　小班：　　　　　树种：　　　　　成数：
标准地号：　　　　　标准地面积：　　　　　坡向：　　　　　坡位：　　　　　年　月　日

径阶(cm)	株　数 n		D^2	$D^2 \times n$	测站	方位角	倾斜角	斜距	水平距	累计
	实测（画"正"字）	计								
6			36							
8			64							
10			100							
12			144							
14			196							
16			256							

(续)

径阶(cm)	株数		D^2	$D^2 \times n$	测站	方位角	倾斜角	斜距	水平距	累计
	实测(划"正"字)	n 计								
18			324							
20			400							
22			484							
24			576							
26			676		闭合差:					
28			784		示意图:					
30			900							
32			1 024							
34			1 156							
36			1 296							
38			1 444							
40			1 600							
42			1 764							
平均胸径(cm)	$D = \sqrt{\dfrac{\sum n_i d_i^2}{N}}$			计						

调查者：　　　　　　　　　　　　　　　　　　　　记录者：

表 II-6-13　圆形标准地调查记录表

树种：＿＿＿＿＿＿　　　样圆面积：＿＿＿＿＿＿　　　位置：＿＿＿＿＿＿

点号	对象	胸径		树高		每亩株数	比例成数	备注
		单株	平均	单株	平均			
(1)	(2)	(3)	(4)	(5)	(6)	(7)	(8)	(9)
	采伐							
	保留							
	采伐							
	保留							
	采伐							
	保留							
	采伐							
	保留							
	采伐							
	保留							
	采伐							
	保留							

调查者：　　　　　　　　　　记录者：　　　　　　　年　　月　　日

表 Ⅱ-6-14　角规测树调查记录表

树种：_____　　角规点位置：_____

点号	胸径		树高		断面积 (m²)	坡度	改正后断面积	每亩株数	每亩蓄积 (m³)	比例成数	备注
	单株	平均	单株	平均							

调查者：　　　　　　　　　　　记录者：　　　　　　　　　　　年　月　日

表 Ⅱ-6-15　标准地(带)调查计算过渡表

工区　　　　林班　　　　小班　　　　调查方法　　　　树种　　　　伐区面积　　　　年　月　日

标准地号	平均胸径 (cm)	平均树高 (m)	单株材积 (m³)	株数	蓄积量 (m³)	计算出材量(m³)					经验出材量(m³)					比例成数
						出材率(%)	计	规格材	小径材	短小材	出材率(%)	计	规格材	小径材	短小材	
综合																
伐区汇总																

校核者：　　　　　　　　　　　　　　　　　　　　　　　计算者：

表 Ⅱ-6-16　伐区调查设计书

_____县(市)_____乡(镇、场)_____村(工区)土名_____

山林定权　林班：_____　小班：_____　山权单位：_____　林权单位：_____

建档或二类调查：_____

林权证号：_____字_____号，四至：东_____南_____西_____北_____

地类或林种：_____　小班面积：_____　采伐面积：_____　林分起源：_____

可及度：_____　坡度：_____　调查技术方法：_____　样点数：_____

珍稀(特殊)树种情况：_____

林分历史情况：_____

森林经营类型名称：_____　类型号：_____

林分状况调查	项目	树种组成	林龄	郁闭度	立木密度(株/亩)	平均胸径(cm)	平均高(m)	枝下高(m)	蓄积量(m³)	立竹株数(株/亩)
	伐前									
	采伐木									
	伐后									

(续)

采伐作业设计	采伐类型：		采伐方式：		采伐强度：株 %，蓄积量 %				
	树种	蓄 积 量(m³)			采 伐 出 材 量(m³)				
		总蓄积量	采伐木蓄积量	保留木蓄积量	出材量	其中			薪炭材
						规格材	小径材	短小材	
	合 计								

更新状况调查	幼树主要树种		高度(m)		每株数		频度	
	母树主要树种		每亩株数		结实情况：			

更新措施设计	更新方式		更新树种		更新时间	
	更新单位		森林经营类型名称：			

伐区位置示意图
比例尺：1:10 000

小班号	蓄积/采伐面积	/	/

检查设计人员	调查设计单位	姓 名	资格证号	检查单位	姓 名	
		年 月 日			年 月 日	

表 II-6-17　树高测定记录表

工区：＿＿＿＿　　林班：＿＿＿＿　　小班：＿＿＿＿　　树种：＿＿＿＿
标准地号：＿＿＿＿　　　　　　　　　　　　　　　　　　　年　月　日

径阶	胸径(cm)	距离(m)		角度		树高(m)		理论树高(m)
		斜距	水平距	仰角	俯角	附加高	标准木树高	
(1)	(2)	(3)	(4)	(5)	(6)	(7)	(8)	(9)
6								
8								
10								
12								
14								
16								
18								
20								
22								
24								
26								
28								
30								
32								
34								
36								
38								
40								
42								

树 高 曲 线 图

表 II-6-18　准备作业工程设计卡

工区：_____　　　伐区号：_____　　　小班号：_____

	作业项目	规格或型号	单位	数量	定额	需工数	日工资(元)	金额(元)
	(1)	(2)	(3)	(4)	(5)	(6)	(7)	(8)
	合计							
简易集材道	小计							
	肩拖路		m					
	串坡道		m					
	滑道		m					
架空索道	小计							
	架设		次					
	移线		次					
	人工卧桩		个					
	设备转移		次					
集材道	小计							
	手板车道		m					
	手扶拖拉机道		m					
山楞场	小计							
	修建面积		m²					
	土石方量		m³					
机械维修	小计							
	油锯		台					
	绞盘机		台					
	索道							
道路养护	小计							
	林区便道		km					

伐 区 示 意 图

	场	工区	林班	经营小班
N ↑	山场坐落	乡（镇）	树、山林权证号	山权：_____ 林权：_____

图 例			
水沟		公路	
乡界			
村界			
林班界		比例尺	

表Ⅱ-6-19　伐区蓄积量出材量计算表

工区：_____　标准地面积：_____　林班：_____　成数：_____　树种：_____　树高级：_____　小班：_____　伐区面积：_____　标准地号：_____　年　月　日

径阶	树高(m)	单株材积(m³)	株数	蓄积量(m³)	计算出材量（出材率%，出材量m³）											经验出材量（出材率%，出材量m³）					备注
					出材率	出材量计	出材率	规格材	出材率	小径材	出材率	短小材	出材率	出材量计	出材率	规格材	出材率	小径材	出材率	短小材	
(1)	(2)	(3)	(4)	(5)	(6)	(7)	(8)	(9)	(10)	(11)	(12)	(13)	(14)	(15)	(16)	(17)	(18)	(19)	(20)	(21)	(22)
6																					
8																					
10																					
12																					
14																					
16																					
18																					
20																					
22																					
24																					
26																					
28																					
30																					
32																					
34																					
36																					
38																					
40																					
42																					
合计																					
公顷值																					

校核者：_____　　　　　平均胸径(cm)_____　计算者：_____　　　　　平均树高(m)_____

表 II-6-20　森林采伐调查设计汇总表（一）

采伐类型	工区号	林班号	小班号	采伐面积（亩）	林种	林分起源	经营类型号	树种组成	林龄（龄级）	平均胸径（cm）	平均树高（m）	伐前林分状况 郁闭度	蓄积量（m³）	每亩 株数	每亩 蓄积（m³）	采伐方式	森林采伐设计 采伐 蓄积（m³）	采伐强度 株数	采伐强度 蓄积（m³）	出材量（m³）	树种组成	伐后林分状况 郁闭度	每亩 株数	每亩 蓄积（m³）	总需工（工日）	直接生产费用 总费用（元）	立方米费用（元/m³）
(1)	(2)	(3)	(4)	(5)	(6)	(7)	(8)	(9)	(10)	(11)	(12)	(13)	(14)	(15)	(16)	(17)	(18)	(19)	(20)	(21)	(22)	(23)	(24)	(25)	(26)	(27)	(28)

表 Ⅱ-6-21　采伐调查设计汇总表(二)

单位	采伐类型	林班号	小班号	树种	面积(亩)	蓄积量(m^3)	经济材出材量	出材率(%)	经济材						备注
									小计	规格材 原木	等外材	小径材	短小材	商品薪材(t)	
(1)	(2)	(3)	(4)	(5)	(6)	(7)	(8)	(9)	(10)	(11)	(12)	(13)	(14)	(15)	
				计 杉 松 阔											
				计 杉 松 阔											
				计 杉 松 阔											
				计 杉 松 阔											

表 II-6-22 伐区作业设计汇总表（三）

单位	采伐类型	林班号	小班号	总出材量(m^3)	日工资(元)	总需工(工日)	总费用(元)	每立方米直接生产费用	木材生产工资(元)								工具材料费(元)	
									小计	采造	集材	归楞	场内运材工资	清林	准备作业	设计费	其他	不可预见费	立方米消耗金额	金额
(1)	(2)	(3)	(4)	(5)	(6)	(7)	(8)	(9)	(10)	(11)	(12)	(13)	(14)	(15)	(16)	(17)	(18)	(19)	(20)	(21)

注：场内运输是指计入伐区生产直接费用的场内运输费。

表 II-6-23 国有林场采伐设计汇总表（四）

单位	采伐类型	总费用(元)	简易集材道		板车道		手扶拖拉机道		架空索道						楞场			便道		道路养护		工棚		备注
			长度(m)	费用(元)	长度(m)	费用(元)	长度(m)	费用(元)	架线		移线		人工卧桩	设备转移	费用(元)	面积(m^2)	费用(元)	长度(m)	费用(元)	长度(m)	费用(元)	面积(m^2)	费用(元)	
			条数		条数		条数		次数	总长度(m)	次数	总长度(m)				个数		条数						
(1)	(2)	(3)	(4)	(5)	(6)	(7)	(8)	(9)	(10)	(11)	(12)	(13)	(14)	(15)	(16)	(17)	(18)	(19)	(20)	(21)	(22)	(23)	(24)	(25)

表Ⅱ-6-24 小班调查和工艺（作业）设计卡

工区：_____ 伐区号：_____ 小班号：_____ 小班面积：_____ 亩，小班蓄积：_____ m³

平均每亩出材：_____ m³/株 森林经营类型名称：_____ 森林经营类型号：_____ 林、平均每亩出材：_____ m³/亩，株数：_____ 株，平均每亩蓄积：_____ m³/亩，株数：

四至：东_____ 西_____ 南_____ 北_____ 地貌类型：_____ 坡向：_____ 坡位：_____ 坡度：_____ 山林权属：_____ 林权证：

林种：_____ 年生长量：_____ m³/亩 更新树种：_____ 标准地（带）数：

海拔：_____ m 林分起源：_____ 名称：_____ cm 下木、地被物：名称：

土壤：_____ 覆盖度：_____ % 厚度：_____ cm 腐殖层厚度：_____ 立地质量等级：_____ 珍稀树种情况：

面积测量方法：_____ 蓄积量调查方法：_____ 集材方式：_____

采伐方式：_____ 采伐面积：_____ 亩 采伐强度：株数：_____ % 蓄积量：_____ %

采造工具：_____ 集材距离：_____ m 场内运距：_____ m

伐区生产工艺流程：_____

单位：m³，元，工日

项目	合计	采造段									集材段				归装段				每亩	
		采伐		打枝	剥皮	量材	造材		小计	肩拖	串坡	滑道	索道	树龄或龄组	平均胸径 (cm)	平均树高 (m)	郁闭度	小计	装车	场内运材
		油锯	弯把锯				油锯	弯把锯												
(1)	(2)	(3)	(4)	(5)	(6)	(7)	(8)	(9)	(10)	(11)	(12)	(13)	(14)	(15)	(16)	(17)	(18)	(19)	(20)	(21)

项目	蓄积量 (m³)			树种组成	伐前								手扶拖拉机					板车		蓄积量 (m³)	株数	蓄积 (m³)
产量(m³)					伐后															(22)	(23)	
合计 定额工数(工日)																						
日工资(元)																					清林	
金额(元)																						
杉木 产量(m³)																					(24)	
定额工数(工日)																						
松木 产量(m³)																					(25)	
定额工数(工日)																						
阔叶树 产量(m³)																					(26)	
定额工数(工日)																						

实训 7 生态公益林经营管理技术

一、实训目的与要求

通过生态公益林经营管理综合实训使学生了解生态公益林经营管理的意义和遵循原则,并能运用所学知识制定一定区域的生态公益林经营管理措施。掌握生态公益林经营管理的指导思想和遵循原则、生态公益林的管护等级划分、生态公益林经营技术措施、生态公益林管护措施等经营管理知识,使所学理论知识与实践相结合,巩固和加深对新知识的理解,增强学生的动手能力,培养学生解决问题、分析问题的能力。

二、实训条件配备要求

一定区域的生态公益林和林地,小班档案卡、有关生态公益林建设的文件和技术规程等;手持 GPS、罗盘仪、测绳(或皮尺)、钢卷尺、测高器、锄头、各种调查记载表等必备用具材料。

三、实训内容与时间安排

(一)实训内容

1. 实训前的准备工作

实训动员,准备生态公益林建设的文件和各类调查表格、图纸及调查仪器设备。学习有关生态公益林建设的政策文件及资源调查技术规程,指导学生查阅有关资料,拟定初步经营管理方案。

2. 外业补充调查
①基本情况:区域的自然和社会基本情况;
②生态公益林建设现状;
③现有生态公益林经营管理情况;
④生态公益林经营管理存在问题。

3. 内业资料整理和统计

4. 制定生态公益林经营技术措施

5. 制定生态公益林管护措施

6. 编写生态公益林经营管理的技术方案

(二)实训时间

生态公益林建设规划实训时间为 2.5d,其中文件及技术规程学习和调查用品用具准备 0.5 天,外业补充调查 0.5 天,内业资料整理统计、绘制图纸 0.5 天,编写生态公益林经营管理的技术方案并提交 1 天。

四、实训的组织与工作流程

（一）实训组织

每班按 40 名学生计算，每 5 人为一组。

（二）工作流程

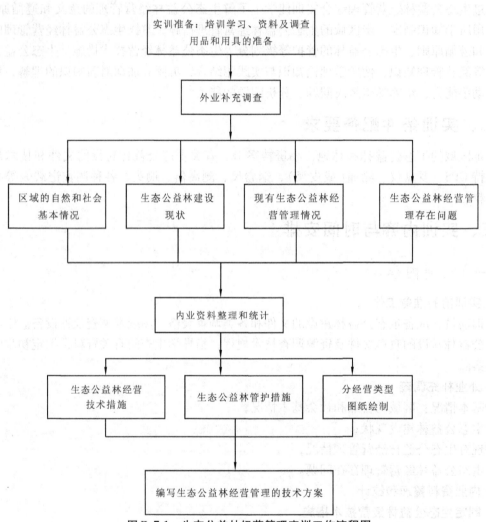

图 II-7-1　生态公益林经营管理实训工作流程图

五、实训步骤与方法

（一）准备工作

1. 培训学习

在调查前，认真学习有关法规、政策和技术规程，统一指导思想、技术标准、调查内容

和方法,明确任务和要求。培训学习的主要内容包括:

(1) 有关主要法规、政策

包括《中共中央 国务院关于加快林业发展的决定》《中华人民共和国森林法》《森林法实施条例》《国家林业局、财政部重点生态公益林区划界定办法》(林策发[2004]94号)《退耕还林条例》《国务院关于进一步完善退耕还林政策措施的若干意见》国发[2002]10号,以及当地政府有关生态公益林建设和管理方面的政策文件;

(2) 主要技术标准、规定

主要有《生态公益林建设技术规程》(GB/T18337.2-2001)、《森林资源规划设计调查主要技术规定》等。

2. 收集资料

(1) 自然条件资料

项目区域的地理位置、土壤类型、气候特征、森林植被类型及分布、土地利用、耕地(沙化耕地)、荒山荒地、交通等方面的资料。

(2) 社会经济资料

项目建设区域的人口及劳力现状、农民收入、经济来源、经济构成、水土流失、环境污染、农村能源等资料。

(3) 技术资料

与生态公益林建设和经营管理有关的技术标准、规程、成熟技术、经营模式等资料。

(4) 管理资料

与生态公益林建设和经营管理有关的法律法规、政策、管理办法及以往生态环境建设工作成功经验和存在的主要问题等。

(5) 图形资料

国家新编地形图。调绘底图原则上采用1:10 000的地形图,确实没有的,可采用现有最大比例尺的地形图。

(6) 其他资料

最新的森林资源规划设计调查成果资料。

3. 材料和工具

做好测量仪器、工具、图纸材料、调查用表、调查卡片和相关物资的准备。

(二) 外业调查

1. 规划区域的自然和社会基本情况的补充调查

根据收集的社会经济资料情况进行补充调查与生态建设规划紧密相关的现有状况,如林农收入来源、农村能源、水土流失、环境污染等现状。

2. 生态公益林建设现状补充调查

对区域内所有生态公益林和生态公益林地进行核实和补充调查,内容包括:类型、界线、面积及小班的其他情况。

①在地图上勾绘出各生态公益林小班的准确位置;

②小班调查主要内容:位置、地类、权属、地形地势、植被、土壤、现有林分生长情况或现有林地状况等;

3. 现有各生态公益林重点工程建设情况调查

生态公益林重点工程包括森林公园、自然保护区、天然林保护工程、生物多样性保护工程、生物防火林带工程等。

4. 现有生态公益林经营管理情况调查

对当地及省内其他地区的生态公益林经营管理情况做调查，以便为生态公益林规划提供参考。

5. 现有生态公益林建设和经营管理存在问题调查

通过实地调查和群众访问调查，了解现有生态公益林建设和经营措施是否科学；管护保障政策是否到位；林农对生态公益林建设和经营管理的态度是否满意等。

（三）内业资料整理

①外业调查资料整理。对外业调查材料进行逐项检查核对，确认图表是否相符、资料是否齐全、内容是否完整。

②将外业工作手绘图清理修饰、着色，使其内容完整、小班线闭合，点、线、符号清晰。

③整理林农收入来源、农村能源结构情况、水土流失、环境污染等社会经济情况。

④整理现有生态公益林经营管理措施，分析存在问题。

（四）生态公益林经营技术措施制定

1. 生态公益林经营指导思想

生态公益林经营以持续发展为指导，以建立比较完备的林业生态体系为目标，以提高生态公益林资源质量和改善生态环境为重点，遵循森林自然规律，依靠科技进步，采取保护、造林、封育、补植、抚育相结合的措施，以天然更新为主，辅以人工和人工促进天然更新，把生态公益林建设成多林种、多树种、多层次、多景观、结构合理、功能健全、生态效益、社会效益、经济效益长期稳定的森林生态体系。

2. 生态公益林经营措施制定原则

（1）生态优先的原则

生态公益林经营就根据生态区位、环境质量、资源状况等特点，本着生态优先的原则，有利于保护生态林资源，有利于治理生态性灾害，有利于维护区域生态安全。在不影响生态资源和环境保护的前提下，适度进行生态公益林的开发利用，如生态公益林的非商品性采伐，生态公益林的旅游等。

（2）系统性整体性原则

生态公益林的经营要在地域上相对集中，以形成完善的生态功能区，从区域社会发展的角度来研究生态公益林的抚育管理、更新采伐等各项经营措施。

（3）体现特色的原则

在经营目标上，以生态效益为主，社会效益和经济效益相结合；在经营措施上，以天然更新为主，人工造林和人工促进天然更新相结合；在管理体制上，以政府主导作用为主，林业、财政及建设单位多方面管理相结合。

(4)科学管理的原则

要认真调查研究,实事求是地评价生态公益林的经营状况,科学地提出生态公益林经营目标和措施,力求经营措施达到技术先进、措施可行。

3. 生态公益林的经营技术措施

(1)造林更新型

①地类　包括须采取人工造林措施才能恢复森林的无林地、火烧迹地、病虫害防治迹地,不具备封育条件的疏林地及规划退耕还林的坡耕地和撂荒地。

②树种选择　选择树体高大、冠幅大,林内枯枝落叶丰富和枯落物易于分解,具有深根系、根量多和根域广、长寿、生长稳定且抗性强的乡土树种。

③营造方式　植苗造林。

④营造模式　因地制宜采取各种混交模式,做到针叶树种与阔叶树种混交;深根系树种与浅根系树种混交;常绿树种与落叶树种混交;耐荫树种与喜光树种混交;乔木与灌木混交,保留、诱导能与更新树种共生的幼树形成混交林,并尽可能增加阔叶树的比例。阔叶树混交比在30%以上,立地条件差,能改良土壤或护土能力强的树种比例应大些。

混交方式主要采用带状、块状、行间和株间等混交方法。带状混交适用于大多数立地条件的乔灌混交,耐荫树种与喜光树种混交;块状混交适用于树种间竞争性较强或地段破碎、不同立地条件镶嵌分布的地段;行间混交适用于树种间竞争性不强且辅助作用较大,地形较平缓的地段;株间混交适用于瘠薄土地和水土流失严重区,在乔木间栽植具有深土、保水的灌木。

⑤整地　一般采取穴状整地和带状整地,禁止采用全面整地。穴规格50cm×50cm×40cm,并采用"山顶戴帽,山脚穿鞋,山腰扎带"的生态栽植模式。

⑥造林密度　根据立地条件和树种生物学特性确定适宜的造林密度。为确保尽早郁闭成林,可适度加大造林密度。

⑦抚育　每年进行1~2次局部的劈草或松土除草抚育。

(2)补植改造型

①地类　林分郁闭度小于0.3,林下阔叶树种稀少,适宜补植造林的低效针叶林分。

②树种选择　补植树种选择适应性强、能旺盛、根系发达、树体高大的乡土阔叶树种。

③补植方法　沿等高线设置水平套种带,在套种带内割除影响整地和幼苗生长的灌丛杂物,保留阔叶乔木树种,采用1m×1m块状整地,中挖50cm×50cm×40cm大穴,并用2~3年生带土大苗种植。

(3)封禁管护型

①地类　山体坡度在36°以上,土层瘠薄、岩石裸露(岩石露出地面50%以上)、森林采伐后难以更新或森林生态环境难以恢复的林地。

②经营措施　实行全面封禁管护,禁止采伐、抚育等经营活动,禁止在林地内放牧、开垦、开矿、采石、筑坟、取土及修建非保护性的基础设施。

(4)封山育林型

①地类　具有天然下种或萌芽能力的疏林、无林地、郁闭度<0.5的低质、低效有林地,以及有望培育成乔木林的灌木林地。

②封育类型　在小班调查的基础上,根据立地条件,以及母树、幼苗幼树、萌蘖根株等

情况，将生态公益林封育类型分为乔木型、乔灌型、灌木型、灌草型、竹林型。

③封育方式　一般采取全封形式。

④封育措施

• 封育组织和制度管理　各级政府及相关部门建立生态公益林建设领导小组和管护组织，明确各级政府、林业部门、建设单位、护林员及监管员的职责；层层签订生态公益林建设管理责任状，建立生态公益林考核制度；按照组织推荐、个人报名的形式选拔专职护林员，每 $100hm^2$ 配备 1 名。签订管护合同，加强巡山护林。建立专职护林员奖罚制度；按照乡级和林场行政区域划分公益林监管责任区，由林业局与乡镇林业技术员签订监管责任合同，建立考核办法；在生态公益林周界明显处设置生态公益林标志牌；各公益林建设单位制订护林公约。

• 封育技术措施　为充分发挥封育地类潜力，加快封育成林，根据不同封育地类和树种，应采取人工促进的育林措施。

平茬复壮：对有萌蘖能力的乔木、灌木幼苗、幼树，根据需要进行平茬或断根复壮，以增强萌蘖能力，促其尽早成林。

补植补播：对自然繁育能力不适或幼苗、幼树分布不均匀的间隙地块，及封育区内树木株数少、郁闭度低、分布不均匀的有林地小班，进行补植补播。

人工促进更新：对封育区内乔、灌木有较强天然下种能力，但因灌草覆盖度较大而影响种子触地。

抚育改造：对树种组成单一和结构层次简单地小班，采取点状、团状疏伐地方法透光，促进林分幼苗、幼树生长，逐渐形成异龄复层结构的林分。

（5）封山护林型

①地类　郁闭度在 0.5 以上的生态公益林。

②封护组织和制度管理　组织及制度管理同封山育林型。

③封育措施　运用划界封禁，严禁毁林开垦、砍柴烧炭、割草放牧、采石取土、狩猎建墓等一切不利于植物生长繁育的人为活动，强制性管护新造幼林和现有森林资源的一种护林措施。按管护责任合同进行经营管理，重点是加强森林防火、森林病虫害防治和森林资源保护工作。

（6）生态疏伐型

①地类　适合于人工幼龄林郁闭度 0.9 以上，中龄林郁闭度 0.8 以上；天然林郁闭度 0.8 以上，并且林木分化明显，林下立木或植被受光困难的生态公益林。

②采伐管理　在不损害生态环境的前提下，经作业设计后，生态公益林可采取抚育伐和卫生伐。通过伐去枯死木、病死木及林下弱势木，不断提高林分质量，增强公益林的防护功能。抚育伐和卫生伐的采伐强度不得大于 15%。

（7）生态择伐型

①地类　林分郁闭度 0.8 以上的同龄林成过熟林。

②采伐管理　对同龄林成过熟林的更新采伐可采用窄带或小块状更新采伐方式，采伐蓄积强度原则上不高于 15%，更新采伐的面积不超过 $1hm^2$，窄带之间、小块状之间的间距面积不少于 $1hm^2$。小块状或窄带更新后的无林地须在第二年的 3 月底之前完成造林。相邻地块采伐的间隔期以新造林地郁闭成林为限。遭受雪灾、森林火灾的生态公益林，根据受灾的

情况，可采取必要的采伐方式和强度进行更新或抚育。

(8)生态经济型

①地类　主要是由生态经济型树种（如毛竹）组成的生态公益林。

②经营措施　禁止全面垦复，可适当劈草或块状松土，保留林内乔木树种，提倡施有机肥，合理挖笋砍竹，防治病虫害。立竹度达到150株以上，覆盖度不低于50%。

(五)生态公益林管护等级划分及管护措施制定

根据不同生态区位生态公益林发挥的功能不同，将生态公益林划分为3个管护等级。

1. 特殊保护（Ⅰ级管护）

自然保护区（核心区）、保护小区、保护点、名胜古迹、革命纪念地及生态区位极端重要、生态环境极端脆弱地区的森林。采取封禁管护，严禁一切形式采伐。

2. 重点保护（Ⅱ级管护）

重点区位中的特用林、防护林中的天然林。经营措施以封育、改造为主，禁止商业性质采伐，允许抚育和更新性质采伐。

3. 一般保护（Ⅲ级管护）

防护林中的人工林、竹林、重点区位中商品林。在不影响生态功能的前提下，合理采伐利用，允许渐伐或择伐，套种阔叶树，采取人工促进天然更新的方法促使其逐步形成复层林和混交林，提高生态公益林生态功能和景观效益。对这些生态区位的人工林，实行限额采伐和限制采伐方式。

(六)编写生态公益林经营技术方案

技术方案要求内容全面，重点突出，层次清楚，文字简练，方案实用科学。

1. 技术方案文字内容

①生态公益林经营现状和存在的问题；

②生态公益林经营的总体评价；

③生态公益林经营的指导思想和遵循原则；

④生态公益林经营技术措施；

⑤生态公益林经营管理措施。

2. 附表

①生态公益林分类经营面积统计表；

②生态公益林管护分级统计表。

3. 附图

生态公益林分经营类型图。

六、实训结果与考核

(一)考核方式

生态公益林经营管理实训考核方式包括过程考核和结果考核两部分，其中过程考核占30%，结果考核占70%。

（二）实训成果

每个小组应上交1份经营技术方案，每个人上交实训总结1份。

（三）成绩评定

实训结束后根据学生的实践操作熟练程度及技术方案成果、组织纪律、工作态度、爱护仪器设备五个方面由指导教师综合评定成绩。通过综合评分划分等级分：优秀、良好、及格、不及格四级制，标准如下：

优秀（85~100分）：熟练掌握生态公益林经营管理措施制定的全过程操作，外业补充调查充分，内业整理材料规范，技术方案内容科学合理，图纸、材料规范齐全，有严格的组织纪律性和工作态度，爱护公物。

良好（70~84分）：能较为熟练掌握生态公益林经营管理措施制定的全过程操作，有补充调查，内业材料整理较好，建设规划合理，图纸、材料齐全，有较强的组织纪律和工作态度，爱护公物。

及格（60~69分）：基本掌握生态公益林经营管理措施制定的全过程操作，有外业调查和内业材料，建设规划较为合理，图纸、材料较齐全，组织纪律性和工作态度一般。

不及格（低于60分）：不能掌握生态公益林经营管理措施制定的全过程操作，材料散乱，规划不合理，图纸材料不齐全，组织纪律和工作态度差，不爱护公物财物。

七、说明

①本实训操作规程目前没有国家标准，实际操作中可按地方标准执行。

②本实训操作是以实际区域为实训场所，经营措施真实化，可与实际工作结合起来，使学生在综合实训过程中能够体验林业工作环境，毕业后能尽快适应岗位需要，开展工作，实现"零距离就业"。

③本实训时间安排为2.5d，无法真正完成技术方案制定的全部内容，条件许可可延长至1周，或由老师选择完成阶段成果。

④本综合实训操作规程主要面向林业技术、森林资源管理等相关专业学生实践教学使用。

实训 8　营造林工程监理

一、实训目的及要求

1. 目的

熟悉营造林工程监理的主要内容,掌握造林工程质量检查验收技能和营造林工程监理报告撰写技能。

2. 要求

①查阅有关规划设计及施工的文件,了解营造林工程项目的任务和具体目标、主要技术标准和要求;

②结合项目实际进展情况,对各施工项目及其环节进行实地质量检查验收;

③对照规划设计文件及所下达的任务,对比分析设计文件的预期目标和现场测定的结果,分析造林任务的完成情况及完成质量;

④模拟编写造林工程监理报告。

二、实训条件配备要求

(一)资料

该项目造林调查规划设计和施工计划书、造林登记簿、有关林业技术规程、施工合同、监理合同、监理大纲、监理方案等。

(二)用具和仪器

罗盘仪、测绳(或皮尺)、钢卷尺、锄头、各种调查记载表等。

三、实训内容与时间安排

营造林质量检查验收和营造林工程监理报告撰写。时间共5d。

四、实训组织与工作流程

每5人为1组。具体实训流程如图Ⅱ-8-1。

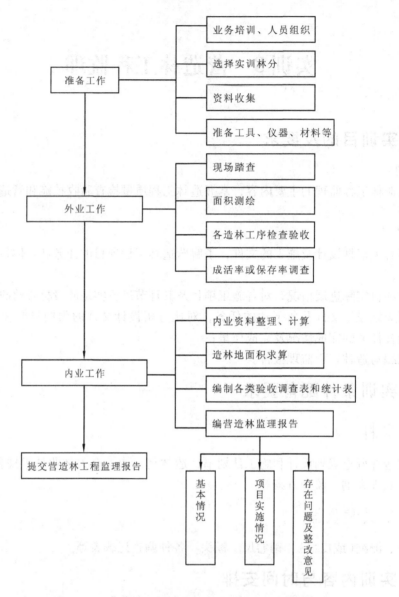

图Ⅱ-8-1 营造林工程监理综合实训主要工序流程图

五、实训步骤与方法

(一)准备工作

①收集该项目的设计施工方案、监理职责及要求、业主及负责人员等方面的文本、信息资料:包括监理委托合同、工程承包合同、作业设计、地形图、监理程序及实施细则等;

②阅读理解以上资料,明确营造林施工监理员的职责、工作要求,掌握项目概况。填写表Ⅱ-8-1 和表Ⅱ-8-2;

③能使用罗盘测量仪、GPS 等仪器对现地实测或定位;

④能按照作业设计踏查施工现场;

⑤实地监理前的用具、材料的准备。

(二) 外业工作

按设计文件及有关技术标准，根据施工工艺过程或施工工序，如种苗、整地、栽植、抚育等主要营造林工序质量标准，进行施工质量检查和记录。对已完成造林施工任务的地块，根据规划设计任务书所下达的任务量及造林目的，选取一定数量的质量监测点，对造林施工各环节的质量、造林任务完成情况、成活率、保存率、郁闭度、工程土方量、辅助设备等进行全面的计量和调查；对正在施工的项目，选择该项目施工现场，模拟监理人员采取旁站与巡视、抽样相结合的质量控制方式，进行检查（说明：实训时可根据工程进度等实际情况安排监理内容）。

1. 营造林工序、质量监理主要内容

①宜林地植被处理　处理方式方法、规格、时间、质量、面积。

②整地　包括整地的时间、方式、方法、规格、面积和质量。整地要测定深度、规格是否达到标准。

③种苗　种苗的来源、购销环节、苗木种类、等级、质量、价格、品种、数量以及是否具备"两证一签"（生产许可证、经营许可证、产地标签）。

④栽植　栽植前苗木保护与处理情况；栽植的时间、面积、质量、混交比例以及带工员到位情况等。要挖出少量苗木，观察是否窝根，栽植深度是否适宜及覆土后踏实情况；造林密度要检查是否过稀或过密。

⑤补植补播　补植补播的种苗、面积、时间等情况。

⑥当年抚育　抚育的方式、方法、次数与时间、质量等，如检查松土深度、除草后的杂草死亡情况以及幼树损伤情况等。

⑦防火线　防火线的位置、宽度、长度、质量等。

⑧病虫鼠害防治　病虫鼠害的防治措施、效果等。

⑨配套设备、设施　包括办公设备、道路、灌排水系统、管护设施等方面的施工、实施、利用情况。

⑩工序活动条件的控制　指对营造林施工有影响的人为因素、造林设备、造林材料质量、施工方案、环境因素等。

2. 检查方法

(1) 抽样选定标准地（或标准行）进行详查

成片造林地一般采用标准地或标准行的方法。造林面积在 $10hm^2$ 以下、$11\sim20hm^2$、$21hm^2$ 以上的，抽样强度分别为造林面积的 3%、2%、1%；防护林带抽样强度为 10%，每 100m 查 10m；对于坡地，抽样应包括不同部位和坡度。

(2) 定性作业质量指标

如整地时杂草、石块的清理，栽植时的操作程序、是否分层填土踏实、苗木处理及保护、栽植是否窝根等定性质量的检查监督，可采用旁站目测检查。

(3) 数量指标

如株行距、整地的规格、混交比例、栽植深度等数量指标，可用皮尺、钢卷尺等工具现场测量。施工面积可用 GPS、罗盘仪、测绳（或皮尺）现场测量，或用已测量过的施工设计图逐块（或小班）核实。也可用不小于1：10 000比例尺的地形图现场勾绘，核实面积。造林地如为坡地面积一律折合成水平面积。

检查验收按造林地块（或小班）逐个进行。抽样检查填写造林施工质量抽样调查表Ⅱ-8-2。

（4）工序活动条件调查

针对调查中发现的问题或好的经验，要通过访谈、观察、资料查询等方法，分析项目管理与组织（人为因素）、造林设备、造林材料质量、施工方案、自然条件等方面的因素对造林施工的影响。

3. 填写检查验收证明书

检查验收完毕后，应填写检查验收证明书，现列举造林整地、造林检查验收证明书如表Ⅱ-8-3、表Ⅱ-8-4。

（三）内业工作

对比设计文件的预期目标和现场测定的结果，填写表Ⅱ-8-5。通过外业调查，统计分析调查记录表和相关资料。评价施工质量，提出问题并分析原因，提出建议。编制模拟监理报告。监理报告的主要内容如下：

1. 基本情况

（1）工程项目背景

包括项目建设单位、投资单位、资金来源、建设目标、建设规模、项目所处的位置、项目区自然条件、社会经济条件等。

（2）监理工作情况

监理单位及其管理组织、任务分工、时间、职责、目标等。

2. 项目实施情况

（1）营造林目标完成情况

包括计划工期内完成的营造林面积、占造林计划的比例、各林分的营造面积、低价值林分改造情况、主要造林树种、取得的成效等。

（2）投资和配套设备完成情况

包括资金投入及运行、办公设备、苗圃设备、防火设备、培训设备、其他辅助设备的完成及其作用的发挥情况等。

（3）项目咨询情况

包括在项目区开展的营造林技术指导、参与式土地利用规划和林业技术推广、项目管理、质量监测与评估、项目数据库管理和计算机培训、经济林技术培训、社会经济影响评价等。

（4）项目质量监测监理情况

包括监测参与单位、监测监理方式、监理组织方式、监理过程实施的基本情况、监理结果等。

（5）营造林质量情况

包括合格率、成活率、保存率、郁闭度、生长情况、生态经济收益等。

3. 存在的问题及整改意见

针对项目实施过程中出现的问题，查找并分析原因，提出建议。

六、实训结果与考核

(一)考核方式

实训考核方式包括过程考核和结果考核两部分,其中过程考核占30%,结果考核占70%。

(二)实训成果

每人写1份营造林工程监理报告。

(三)成绩评定

实训结束后根据学生的实践操作熟练程度及技术方案成果、组织纪律、工作态度、爱护仪器设备五个方面由指导教师综合评定成绩。通过综合评分划分等级分:优秀(85~100分)、良好(70~84分)、及格(60~69分)、不及格(低于60分)四级制,详见表Ⅱ-8-7。

七、说明

①该实训需要老师提前做好与相关部门的协调、准备工作。
②具体实训内容可结合项目进度灵活安排。
③到相关部门收集资料前,可列出清单或大纲,以防遗漏;资料收集过程中,注意行为方式,尽量获取更多的相关信息。
④外业前要做好充分的准备,注意野外安全,小组成员间要团结合作。注意协调与项目其他人员的关系,要尊重他人,虚心好学。
⑤有关记录表格可根据当地行业标准要求填写,也可根据调查内容自己设计。

表Ⅱ-8-1　××项目基本情况调查记录表

一、项目基本情况	
1. 项目名称	
2. 负责单位	
3. 性质及面积	
4. 项目期限	
5. 投资及来源	
二、组织管理	
三、项目工程管理	
项　目	基本情况(单位名称、负责人、时间、资质、主要内容、资料文本等)
1. 规划设计文件	
2. 审批文件	
3. 合同文件	
4. 种苗供应	
5. 施工单位	

(续)

项目	基本情况(单位名称、负责人、时间、资质、主要内容、资料文本等)
6. 监理单位	
7. 技术人员包干责任情况	
8. 示范点	
9. 检察验收	
五、项目档案管理	
六、项目资金管理	

表Ⅱ-8-2　×××造林项目配套工程调查记录表

序号	配套工程或设备名称	地点或部门	规模或数量	作用	投资(万元)	实施情况

表Ⅱ-8-3　造林施工质量抽样调查表

　　　　　　　　分区　　　　　　　林班　　　　　　　小班
施工项目：　　　　　方式方法：　　　　　　日期：　　年　　月　　日

检查项目	标准地(行)编号	合计	标准地(行)内总数量(或面积)			其他	问题及原因分析
			合格	及格	不合格		
总　计							
百分率							

检查人(签字)：　　　　　　　　　　　　　　　　　　　　年　　月　　日

说明：此表可用于不同施工项目(如清理、整地、栽植、抚育等)的抽样检查记录。

表Ⅱ-8-4　整地验收证明书

　　　　　　　　分区　　　　　　　林班　　　　　　　小班
施工单位：　　　　　

1. 小班面积　　　　　　　　　　7. 整地密度
2. 其中纯造林地面积　　　　　　8. 整地起止日期
3. 计划整地面积　　　　　　　　9. 整地用工量
4. 实际整地面积　　　　　　　　10. 整地工具
5. 整地方法及规格　　　　　　　11. 整地的主要缺点及纠正方法
6. 整地质量　　　　　　　　　　12. 验收结果总评

施工单位负责人(签字)　　　　　　验收负责人(签字)

　　　　　　　　　　　　　　　　　　　　年　　月　　日

表Ⅱ-8-5 造林验收证明书

_____分区_____林班_____小班
施工单位_____

1. 小班面积
2. 其中纯造林地面积
3. 计划造林面积
4. 实际造林面积
5. 原计划造林图式及其执行情况
6. 实际造林密度及平均株行距
7. 造林方法

8. 整地起止日期
9. 种苗来源及质量
10. 种植质量
11. 造林用工数
12. 造林工具
13. 造林的主要缺点及纠正方法
14. 验收结果总评

施工单位负责人（签字）　　　　　　　　　验收负责人（签字）

_____年_____月_____日

表Ⅱ-8-6 营造林质量监理检查验收记录与设计对比分析表

检查项目	检查内容										
植被处理	项目	方式	方法	规格	时间	面积	其他				
	设计标准										
	实际										
整地	项目	方式	方法	规格	时间	面积	其他				
	设计标准										
	实际										
栽种	项目	树种及比例	混交方法	方式	方法	株行距	配置	深度	时间	面积	其他
	设计标准										
	实际										
补植补播	项目	时间	面积	种苗规格	种苗质量	其他					
	设计标准										
	实际										
当年抚育	项目	松土除草	施肥	封山育林	病虫害防治	面积	其他				
	设计标准										
	实际										
防火线	项目	位置	宽度	长度	质量	其他					
	设计标准										
	实际										
⋮											

表Ⅱ-8-7 实训考核标准

环节	项目	比重(%)	要　求
准备	项目准备	10	能看懂监理委托合同、工程承包合同、作业设计、地形图、监理程序及实施细则，明确营造林施工监理员的职责、工作要求
	外业准备	10	能使用罗盘测量仪、GPS等仪器对现地实测或定位，能按照作业设计踏查施工现场
外业检查	检查项目	20	能根据作业设计文件和施工进度，确定检查项目，并明确重点
	检查方法	20	能按工序质量标准，采取适宜的可行的检查方法，抽样正确，能判断现场施工质量，能在施工现场测算工程计量，发现问题及时纠正，并做好记录
	工序活动条件调查	10	能根据检查中发现的问题，通过关键人员访谈、资料查询、观察等方法，分析原因
内业分析	监理报告	30	符合监理报告要求，格式正确，重点突出，内容翔实，表达清楚，分析合理，书写正确
	合计	100	

表Ⅱ-8-8 人工造林终验面积分工程类型统计表

单位名称	下达面积(亩)	初验面积(亩)	终验面积(亩)	占计划比例(%)	重点工程造林面积(亩)							一般工程造林面积(亩)				
					计	基干林带	沙荒风口	农田林网	林带更新	红树林	松突圆蚧改造	计	水土保护林	护路护岸林		其中经济林面积
合计																

表Ⅱ-8-9 造林终验成活率统计表

单位名称	成活率情况						其中：重点工程成活率						
	合计	≤40%		41%~84%		≥85%		计	≤40%		41%~84%		≥85%	
		面积(亩)	%	面积(亩)	%	面积(亩)	%		面积(亩)	%	面积(亩)	%	面积(亩)	%
合计														

表Ⅱ-8-10 人工造林终验面积分树种统计表

单位名称	合计	杉木类	松木类	阔叶树类								其他				
				计	台湾相思	木荷	新相思类	香椿	枫香	桉树	木麻黄	其他阔叶树	计	竹类	经济林	红树林	其他
合计																

表Ⅱ-8-11 人工造林终验基本情况调查表

项目县名称	乡镇数	村数	小班数	工程队造林情况		阔叶树或阔叶混交林面积(亩)	无设计或移位面积(亩)	××年需抚育面积(亩)	××年未抚育面积(亩)	人为破坏面积(亩)	牛羊破坏面积(亩)	受台风破坏面积(亩)
				队数	造林面积(亩)							
合计												

表Ⅱ-8-12 人工造林初验基本情况调查表

统计单位	乡镇数	村数	小班数	工程队造林情况		阔叶林或阔叶混交林面积(亩)	火烧迹地造林面积(亩)		对照下达计划变动情况(亩)			对照作业设计变动情况(亩)			当年需抚育面积(亩)	初验时未抚育面积(亩)	人为破坏面积(亩)	牛羊破坏面积(亩)	其他原因破坏面积(亩)
				队数	造林面积(亩)		计	其中基干	增加面积	减少面积	移位面积	增加面积	减少面积	移位面积					
合计																			

Ⅲ. 综合实训案例

案例1　杉木种子生产技术

一、实训目的与要求

通过综合实训，使学生能够熟练运用5株平均木对比法（小样地法、固定标准地法）进行用材树种优树选择；掌握种子采收、处理、贮藏等杉木种子生产技能，通过理论知识与实践相结合，巩固和加深对新知识的理解；增强学生的动手意识，培养学生解决问题、分析问题的能力。

二、实训仪器配备要求

罗盘仪、皮尺、生长锥、测高器、望远镜、轮尺、油漆、记录表格、铅笔、调查员手册、计算器、粉笔、林相图或地形图、平面图；竹竿（长度4m以上）、竹筐（或麻袋）等。

三、实训步骤

（一）杉木五株平均木法优树选择

1. 踏查及模拟演练

从教学林场小班一览表中查找出林龄10~20年、地位级Ⅰ、Ⅱ的杉木人工纯林或杉木比例高于50%的混交林；询问林场老技术人员或老工人，或查造林档案，查清这些林子的种苗来源。剔除萌芽林及种子园混合种子起源的林分，对其余符合条件的林分位置标记在1∶10 000地形图上。

指导教师带领学生按照地形图的标记，进行踏查，选择一片优良林分，然后根据"远处看高子，林中找胖子"的方法，选择一株候选树。指导5位学生实训小组组长以候选树为中心，进行标准地测设和每木检尺，标准地面积400m²。为了提高效率，对学生进行必要的分工。5位学生中，2位拉皮尺立标杆，1位操作罗盘仪，1位每木检尺并在树干上标号，1位记录。记录人员同时调查冠形、针叶颜色、林地植被等项目，填入优树登记卡。如此进行一半时，进行岗位轮换。教师指导实训组长操作，并为其他学生讲解。标准地测设与每木检尺完成后,让学生计算出标准地内杉木的平均胸径;根据编号和检尺数据,在标准地内找出5株与平均胸径最接近的杉木作为平均木。分别用测高器测定候选树树高、平均木的树高,用罗盘仪测定中央直径。根据测定结果,求算候选树和五株平均木的单株材积,并进行比较,确定生长量指标是否符合优树标准。填写优树与5(3)株平均木生长量比较表。

进行形质指标评定。对优树候选树各项形质指标一一进行评定,将评分结果填入优树性质指标积分表。根据各项形质指标的重要性,设定通直度、圆满度、冠径比、枝茎比、侧枝角度、树皮率、纹理扭曲度、生长势的分值均为5分,结实状况4分,健康状况4分。分别按5、4、3……进行评定。如树干通直,得5分,稍有弯曲,得4分,有一明显弯曲,得3分,两个弯曲,得2分,两个弯曲以上得1分。侧枝角度≥85°得5分,80°~84°得4分,70°~79°得3分,60°~69°得2分,<60°得1分。在教师的指导下,学生进行目测并评分,统计优树各项形质指标总积分。

要求候选树的生长量指标符合优树标准,同时,形质指标总积分必须大于40分才能入选。

2. 学生分组操作

从踏查开始,根据地形图上的标记,选择优良的林分和候选树,并在组长的带领下,开始标准地测设、每木检尺、各项指标测定。指导教师巡视指导,并检查各位学生动手情况。用油漆在优树树干上编号,填写优树登记卡。

3. 绘制优树位置图

即使候选树不符合优树标准,也要求学生进行位置图的绘制。要求绘出优树(或候选树)周围的明显地物标(山脊、山沟、岩石、道路等)。

4. 内业整理

进行材积计算,生长量指标比较。

5. 选优结论

根据生长量指标和形质指标评定结果,给出评定结论。

(二)种实采收

①以各组选定的选优林分为采种林分(重新选定亦可)。
②各组根据林分内树木生长状况,确定优势木或亚优势木,作为采种母树。
③用竹竿击落采种母树树冠上部呈青黄色的大球果,明显小的球果或青果不采收。
④将采收的球果收集并装入麻袋;预先填写两张内容一样的种子采收登记小卡片(临时标签),一张放置袋内,扎紧袋口,将另一张卡片别在绑扎袋子的绳子上。填写种子采种登记表中种子采收部分的内容。

(三)种实处理

采集回的杉木球果要及时处理。

1. 脱粒

将杉木球果平摊在种子晒场上,让阳光暴晒。经常翻动球果,让杉木种子脱粒完全。清理空球果,将种子收集。

2. 净重

采用风选。杉木种子小，可根据饱满种子和夹杂物重量的不同，借风力将种子中的夹杂物吹走。

3. 干燥

将净种后的杉木种子放在阳光下晒1~2天，要经常翻动。

4. 贮藏

将干燥后的杉木种子装入麻袋，放进正式标签，并在袋子外也挂一个同样内容标签，置放在阴凉的种子贮藏库，补充完整杉木种子采种登记表后存档。标签的编号应与种子采中登记表上编号一致。

案例 2　杉木组培快繁综合实训

一、实训目的及要求

通过综合实训使学生学习掌握杉木优良无性系组织培养快繁外植体选择与灭菌、培养基配制与高压消毒、无菌接种操作、组培苗下地种植试验等技术操作,学习掌握杉木组培工厂化育苗的经营管理、组培成本核算及经济效益分析等经营管理知识,使所学理论知识与生产实践相结合,巩固和加深对新知识的理解,增强学生的动手能力,培养学生解决问题、分析问题的能力。

二、实训仪器配备要求

电炉、培养液、pH 计、高压锅、玻璃器皿、超净工作台、接种用具、消毒药品等。

三、实训步骤

(一)外植体诱导培养基的制作与灭菌(每个小组用量)

①称取琼脂 8g,糖 30g,倒入搪瓷杯内,加入 750mL 蒸馏水,置电炉上加热至琼脂溶化,其间应不断地加以搅拌。

②加入以下贮备液

大量元素	50mL
微量元素	5mL
铁盐	5mL
有机成分	5mL
$8^{\#}(6-BA)$	30mL
$13^{\#}(NAA)$	5mL

③加蒸馏水定容到 1 000 mL。

④充分搅拌好后,用精密试纸调整 pH 值至 5.8。

⑤趁热将培养基分注到培养瓶内,每组 40 瓶盖上瓶盖。

⑥全组的组培瓶置高压锅内。

⑦高压灭菌。

在高压锅内加水至水位线,将高压锅的螺栓沿对角线旋紧后,闭合电源。当高压锅压力表显示的压力升至 $0.05 Pa/cm^2$ 时,开始放气至指针降到 0。闭合电源继续加热,当压力升至 $0.11 Pa/cm^2$ 时,拉下电闸,并开始计时。当压力降到 $0.10 Pa/cm^2$ 时,闭合电源,升到 $0.11 Pa/cm^2$ 时,拉下电闸。如此反复,至第一次升到 $0.11 Pa/cm^2$ 时计时,维持 15~20min 后,开始打开放气阀徐徐放气,待指针降到 0 时,将放气阀全部打开,再打开锅盖,将内含物取出。

（二）杉木茎尖外植体的选择与灭菌

1. 采集

采集杉木优良无性系苗 2～4cm 长的基部萌芽条，将其冷藏保鲜后带回实验室。

2. 清洗

将采来的杉木基部萌芽条在自来水下冲洗 2～3min，剪去茎段上多余的叶片。

3. 消毒

①将冲洗好的萌条剪取 1～2cm 长的顶芽置烧杯内。将另一烧杯用 70% 酒精内外均消毒一遍，并将自己的手也用 70% 酒精消毒干净后，连外植体及烧杯一并带入接种室内。

②将顶芽放入消毒好的烧杯中，倒入 70% 酒精浸泡 30s 后，倒出酒精，倒入无菌水冲洗一遍后，捞出倒入 0.1% 升汞溶液中，消毒 6～10min。

③将消毒过的顶芽置无菌水中，振荡数次，再捞出至另一无菌水瓶中振荡冲洗，共 5～6遍，沥干，置接种盘内。

（三）无菌接种操作

1. 清洗

将自己的手指甲剪净，用肥皂洗净双手。

2. 接种前的准备

①将双手用 70% 酒精擦拭消毒。

②接种用具的消毒：将镊子、解剖刀用 70% 酒精擦一遍，再放到酒精火焰上灼烧，晾凉后备用。

3. 原种的准备

将已消过毒的外植体种瓶用 70% 酒精棉擦拭，再打开瓶盖，瓶口用酒精灯火焰烤一圈，用消毒过的解剖刀切下茎顶端 0.5～1.0cm 部位用于接种。

4. 接种方法

打开培养瓶，先把瓶口置酒精火焰上烧一圈，再用消毒过的镊子夹起杉木顶芽，让其基部插入培养基内，以稳住不倒为宜。一瓶接种一个顶芽，再把培养瓶口置火焰上烤一圈，瓶盖也烤一圈，再盖上。

5. 标号

将自己接好的组培瓶写上自己的班级及座位号。

6. 培养

全班接好的培养瓶集中一起，置黑暗下培养 1 周。

（四）杉木组培苗移栽管理技术

杉木组培苗移栽管理总的要求：必须培养适于移栽的优质试管苗；正确掌握移栽季节和温湿度；注意选择适于试管苗生长的营养土；苗期合理的栽培管理措施。

1. 试管苗的选择和锻炼

适于移栽的试管苗应该是粗壮的，茎基部呈黄绿色，略木质化，根系发达。在准备移栽前，先将试管苗从培养室取出，经 10～15d 类似自然环境锻炼以后，试管苗开始老化，可直接打开培养瓶盖，再经2~3d锻炼即可取出移栽。

2. 移栽季节和温湿度控制

杉木试管苗最佳移栽季节为初春到清明时节。苗木移栽后温度应控制在30℃以下，遮阴率达75%以上，避免阳光直射。空气湿度应保持在90%以上。

3. 移栽基质

杉树组培苗移栽用基质以透气、保水适中的黄心土为主，如黏性过大，可适量加入河沙（约1:4），使其适合装袋育苗用。基质中不宜加入肥料。基质装好久放待用时，须用薄膜覆盖好，不让雨水淋湿以防滋生病菌。至移栽前2~3d才进行基质消毒，一般用0.03%高锰酸钾溶液淋湿，栽植幼苗无药害。

4. 移栽及管护

将组培苗根部的培养基用清水清洗干净。移栽时，先用小木棍在容器中间扎一个小穴，然后把小苗根系垂直送入穴内，并用小木棍把小穴边泥土压紧使泥土紧贴根系。栽植深度以泥土盖过芽苗的出根部位为宜，随栽随淋水并覆盖遮阳网保湿遮阴。

小苗移栽后的一周内，必须严格遮阴。如太阳辐射强、苗床气温高时，应每间隔1~2h叶面喷水保湿，防止小苗失水萎蔫，同时可起到降温效果。严禁雨水直接冲刷小苗。

移栽一周后，小苗生长趋于稳定，可逐渐减少喷水次数，至小苗长出新叶，则可正常进行管理。定植一个月后苗木开始抽新梢，这时应逐步增加光照，通常在早晚及阴雨天不必遮阴，以保证苗木生长所需的光照，遮阳网则要按时揭除，使光照充足，苗木生长粗壮。

小苗移栽3d后，即可开始用70%甲基托布津1 500倍液或百菌清800倍液喷雾一次，以后每7~10d喷一次，以防茎叶腐烂病发生；每25~30d用50%多菌灵可湿性粉剂800倍液淋苗一次，以防苗木根系病害。

案例3 杉木育苗技术设计

当前我国经济快速发展,林业的地位和作用进一步加强,林业建设与发展肩负着改善生态环境、促进经济发展的双重使命,任务更加繁重。林木种苗作为林业和生态建设的基础保障,在林业快速发展的进程中发挥了重要的不可替代的作用。南平是福建重点林区,林木种苗产业在南平当地经济发展中占有重要地位。

杉木[Cunninghamia lanceolata(Lamb.) Hook.],是杉科杉属树种,又名有刺杉,常绿乔木,高达30m,胸径达25~30cm。杉木干形通直圆满,木材纹理通直,结构均匀,材质轻韧,强度适中,质量系数高,气味芳香,抗虫耐寒。杉木是一种理想的生态造林树种,萌芽力强,寿命长,容易繁殖,病虫害少,与木荷、毛竹等混交造林能提高土壤养分,保持水土,涵养水源,调节气候,是我国最重要的商品用材之一。

育苗技术设计应充分运用课堂所学理论知识,根据苗圃既定的条件和育苗任务、理论联系实际,执行育苗技术规程(GB 6001—1985),遵循技术上先进,经济上合理、措施可行的原则进行。

杉木育苗技术设计是以福建林业职业技术学院苗圃的育苗生产实践为基础而编写的,包括苗圃的经营条件、自然条件、技术设计(育苗面积计算、育苗技术设计、育苗成本计算)。

一、经营条件

福建林业职业技术学院苗圃设在学院西侧,地处南平市区中心,富屯溪、鹰福铁路、205国道和316国道环绕而过,公路、铁路、河流形成了相互交织的运输网络,水陆交通方便,水利电力供应方便,具有优越的地理环境。苗圃总面积5.2hm^2,属于小型永久性苗圃,主要供学院教学、科研、生产应用。学院苗圃有固定职工3人,其中1人为苗圃主任,还有30几个勤工助学的学生,劳力充足,并有较雄厚的技术指导力量,这些都是苗圃经营的有利条件。

二、自然条件

1. 气候条件

据南平气象台提供的资料,苗圃气候特征主要为:积温≥10℃的生长期330d左右,生长期平均气温20.2℃,初霜期12月8日,终霜期2月14日,全年无霜期300d左右;1月平均气温9.2℃,7月平均气温28.6℃,极端最高气温41℃,极端最低气温-5.8℃;年降水量1 633.3mm,分布不均,年蒸发量1 478.6mm,相对湿度78%;风力较小,年均风速1.0m/s,风向以NE向为多。综上可知,苗圃属中亚热带海洋性湿润季风气候,雨量充沛,光照丰富,冬无严寒,夏无酷暑,水热资源丰富,适宜发展林木种苗生产。

2. 土壤

根据苗圃土壤调查和土壤采样分析,可知苗圃土壤为砂页岩发育的山地红壤为主,土层50cm左右,土壤质地为轻壤至中壤,土壤结构以粒状、团粒状为主,土壤水分条件较好,

pH 值为 5.6；腐殖质含量 2.73%，土壤含 N 量 0.2%，速效磷 8μg/g，速效钾含量 60μg/g，土壤肥力中等。

3. 地形
苗圃地势平坦，自然坡度在 3°以下，排水良好，有利于育苗作业。

4. 病虫害
据圃地病虫害调查，主要发现圃地土壤中有蛴螬、地老虎、蝼蛄等害虫，但这些害虫的分布密度较小，危害较轻，地下害虫数量未超过标准。主要病害有杉、松的立枯病、猝倒病等，特别是在春雨、梅雨季发病较严重。因此，在育苗生产前应做好土壤消毒工作。

5. 水源
苗圃土壤本身水分条件较好，且苗圃有自来水源，灌溉条件方便，能满足育苗供水要求。南北两侧各有一条排水沟，有利于雨季及时排水防涝。

6. 圃地杂草
据圃地植被调查，可知苗圃主要杂草种类是莎草科的香附子、水蜈蚣等，禾本科的狗牙根、蟋蟀草、白茅等。这些杂草繁殖容易，适应性强，对水肥竞争力强，易消耗大量土壤养分，因此整地前应对其处理彻底。

三、技术设计

1. 苗圃的面积计算

根据培育 1 年生杉木播种苗 25 万株的育苗任务，进行苗圃面积计算。培育杉木播种苗年限为 1 年，为充分利用地力和减少病虫害采用三区轮作制育苗，杉木每亩产苗量为 4 万株，据公式

$$S = N \times A \times B / n \times C$$

式中　S——某树种所需的育苗面积；

　　　N——该树种的计划年产量；

　　　A——该树种的培育年限；

　　　B——轮作区的区数；

　　　n——该树种的单位面积产苗量；

　　　C——该树种每年育苗所占轮作的区数。

计算结果为：培育 25 万株 1 年生杉木播种苗需要生产用地的理论面积为：

$$S = N \times A \times B / n \times C = 25 \times 1 \times 3 / 4 \times 2 = 9.4(亩) = 0.625 hm^2$$

实际生产中考虑到育苗、起苗、运苗过程中会有苗木损耗，为了保证完成育苗任务，育苗所需面积应比理论计算值增加 10%~15%，因此，培育 25 万株 1 年生杉木播种苗需要生产用地的实际面积为：$0.69 hm^2$。

（说明：应分别计算出各树种育苗所需的面积，各个树种育苗面积之和即为育苗所需总面积，本案例只以培育 25 万株 1 年生杉木播种苗为例进行面积求算）

2. 育苗技术设计

（1）育苗任务

根据培育 1 年生杉木播种苗 25 万株的育苗任务，按照育苗技术规程（GB 6001—1985）和相关育苗用工用料定额表中规定的播种量及每亩、肥、药量，编制苗圃年度育苗生产计划

（表Ⅲ-3-1）。

(2) 育苗技术设计

充分运用课堂所学理论知识，根据苗圃经营、自然条件、育苗任务、理论联系实际，执行育苗技术规程（GB 6001—1985），遵循技术上先进、经济上合理、措施可行的原则，以最少的费用，从单位面积上获得优质高产的苗木为指导思想，进行育苗的各项技术设计。

杉木是喜温喜湿、怕风怕旱、喜肥嫌瘦的树种，要培育出杉木优质播种苗，应根据杉木树种特性和苗木生长发育规律，从土壤准备、种子准备、播种技术、播种后苗木管理、苗木出圃几个方面科学设计育苗措施，并以设计方案指导育苗施工。

①土壤准备

• 整地：由于杉木种子细小、种子涩粒多，发芽率较低，带壳出土，幼苗侧根穿透力弱，对育苗地要求较高。因此，育苗地应精耕细整。整地时间定于育苗前一年的秋季，选择晴天或土壤较干情况下进行。要先清除圃地上的杂草灌木，深挖翻土，拣净石块草根，并让土壤经一段时间风化，于冬春播种前再犁耙或翻松1~2次，达到疏松、细碎、平整、无树根、无石块。

• 施基肥：结合耕地耙地，要施足底肥。底肥尽量用饼肥、堆肥、人粪、草木灰、火烧土等农家肥料，还可施入少量的速效氮肥，如碳铵、硫酸铵、尿素等，并把磷肥和农家肥混合使用。一般每亩施厩肥（腐熟）或火烧土3 000~5 000kg，饼肥100~200kg，过磷酸钙50~100kg，碳铵25~50kg。

• 作床：苗圃地整好以后，在播种前几天，当土壤不湿不干且天晴时作床。苗床以东西向为好，长度依于地形。苗床宽1~1.2m，高20~30cm。床边要稍倾斜拍紧，床面要土碎、平整并略加镇压，做到上松下实，中间略高，呈龟背形。床面铺1.5~2 cm的黄心土，以减少病虫害和杂草。床与床之间步道留宽30~35cm，苗圃地四周和中间要开围沟和腰沟，深40~50cm，但腰沟必须低于步道，围沟低于腰沟，以便于排水和灌溉。

• 土壤消毒：据调查，学院苗圃土壤有地老虎、蝼蛄等害虫，病害有杉松的立枯病、猝倒病等，因此，在育苗前应做好土壤消毒工作。晴天可在苗床上均匀喷洒2%~3%的硫酸亚铁溶液，每亩6~7kg；雨天用细干土配成2%~3%药土，均匀撒于苗床再翻耕到土壤中，每亩用量15~20kg。或用新型广谱土壤消毒剂必速灭消毒，在整好的苗床上，撒上必速灭颗粒，用量为15g/m²，浇透水后覆盖薄膜。3~6d后揭膜，再等待3~10d，并翻动2~3次。

②轮作　杉木喜肥嫌瘦，且自肥能力差，消耗地力大，如果连作培育杉木苗，土壤肥力下降快，土壤养分单一，育苗产量、质量下降。连作培育杉木苗，也容易发生立枯病等病害。因此，杉木育苗地提倡轮作育苗，这样有利于充分利用地力，预防和减轻病虫害，增加土壤有机质含量，改良土壤质地结构，提高育苗产量、质量。可采取杉木苗和绿肥轮作、杉木苗和其他树种苗木轮作等方法，并采用三区轮作制。

③播种和播种地管理

• 种子准备：为了确保种子质量，消灭种子所带的病菌和虫卵，促进种子萌发快、齐、匀、全、壮，应做好种子准备工作。首先选择优良种源的杉木良种，并对种子进行精选；其次进行种子消毒，用0.5%高锰酸钾或1%的漂白粉浸种30min，或用0.15%~0.3%的福尔马林浸种15min，捞出封盖1h后播种，也可用0.5%~1%硫酸亚铁溶液浸种2h；最后用

15~20℃温水浸种18~24h，捞出后稍加晾干即可播种。如果播种期已迟，可将消过毒并用温水浸过的种子置于箩筐内或竹篮内，上覆薄膜置于暖房或温室内，温度控制在20~30℃，保持种子湿润，2~4d后，种子微裂或露白时进行播种。

- 播种时期：应适时早播，以2月份最好，最迟不超过3月上旬。播种要选晴朗无风的天气。
- 播种方法和播种量：杉木属于小粒种子，为了培育壮苗，适宜选用条播方法进行播种，即按20cm的距离开沟，沟深1cm，宽2~3cm，将沟用木板压实，把种子均匀撒在沟中，每亩播种子4~5kg。
- 播种工序：播种前将种子按床的用量进行等量分开，并先在苗床上按20cm的距离拉线开沟，沟底适度镇压，沟深1cm，宽2~3cm，开沟后应立即播种，播种应均匀，不重不漏。播种后立即覆土，最好用过筛的黄心土或火烧土覆盖种子，厚度以不见种子为宜，覆土应均匀，不重不漏。如土壤较干，覆土后可适度镇压。镇压后，用草帘、薄膜等覆盖在床面上，以提高地温，保持土壤水分，促使种子发芽。
- 播种地管理：播种后约1个月，种子先后发芽出土，就要分批分期揭去盖草，每一次揭去1/3左右，隔3~5d再揭去1/3，3~5d后再揭去1/3。揭苗后应采取遮阴措施，透光度保持30%~40%，立秋后应适时拆去遮阴棚。刚出土的幼苗要注意防治杉木猝倒病。种子播种到幼苗出土期间，应做好播种地的保温、保湿工作，如有杂草应及时清除。

④苗木抚育

- 遮阴：杉木幼苗耐荫喜湿，如果播种早，灌溉条件好，培育杉木苗可以不遮阴；反之，则要适当遮阴。遮阴时间一般从6~9月。
- 除草松土：幼苗出齐后就应开始除草。除草最好在雨后或灌溉后，连根拔除。从种子出土到苗木出圃，一般要除草10次以上。如条件允许，可用化学除草，例如，用30%的可湿性扑草净粉剂或25%的可湿性除草醚、灭草灵等喷洒苗床进行除草。
- 浇水：杉木育苗浇水要做到幼苗期小水勤浇，6~9月生长旺盛时期大水浇透，10月份以后防止徒长，一般停止浇水。
- 追肥：追肥要坚持"量多次，由稀到浓"的原则。地上部长出现真叶时，可开始追施腐熟的稀释为30%~50%的人粪尿，每亩施350kg，也可追施尿素、硝酸铵等。9~10月生长后期，停施氮肥，酌情增施磷、钾肥以促进苗木木质化，提高造林成活率。
- 防治病虫害：立枯病防治，幼苗出土后，隔20d喷一次0.5%~1.0%波尔多液或2%~4%硫酸铜溶液，每亩每次用量为100kg。苗床积水要及时排水，并喷施0.2%尿素溶液，以提高抗病能力。猝倒病防治，用1%~2%硫酸亚铁溶液，每亩喷洒75kg，连续喷洒4~7次，每隔7d一次。每次喷洒完后要立即用清水清洗幼苗，以防幼苗产生药害。也可用0.3%漂白粉、1%波尔多液或0.1%~0.5%敌克松喷洒苗木。
- 做好间苗、定苗工作：最后一次定苗在7~8月间，条播每米长播种沟保留20~30株苗。

⑤苗木出圃　杉苗达到二级苗以上壮苗，即茎直而粗，顶芽饱满（菊花头），针叶紫红或灰绿，充分木质化，根系发达，侧须根较多无损伤；苗高大于20cm，地径大于0.35cm，根系长大于15cm，大于5cm的侧根数在10条以上的即可出圃造林。出圃前应做好苗木调查、起苗、分级统计、苗木包装运输、苗木假植等相关工作。

3. 苗圃投资和苗木成本计算

育苗成本包括直接成本和间接成本,直接成本指育苗所需的劳动工资、种子、肥料和药剂等费用,间接成本指基本建设折旧费、工具折旧费和行政管理费等。

①育苗所需劳力及其工资 要按苗木种类分别每个工序所需要的劳力和工资填写育苗所需劳力及工资表,本案例以培育杉木苗为例计算所需劳力和工资(表Ⅲ-3-1)。

表Ⅲ-3-1 育苗所需劳力及工资表

苗木种类	工作项目	工作量(hm^2)	劳动定额(工/hm^2)	总需工数	每工工资(元)	工资额(元)
(1)	(2)	(3)	(4)	(5)=(3)×(4)	(6)	(7)=(5)×(6)
杉木	整地	0.627	30	18.8	60	1 128
	作床	0.627	30	18.8	60	1 128
	施基肥、土壤消毒	0.627	15	9.4	60	564
	种子处理	37.6kg	50kg/工	1	60	60
	播种	0.5(净面积)	30	15	60	900
	松土除草	0.627	30	18.8	60	1 128
	浇水	0.5(净面积)	15	7.5	60	450
	遮荫	0.5(净面积)	15	7.5	60	450
	追肥	0.5(净面积)	15	7.5	60	450
	间苗、补苗	0.5(净面积)	30	15	60	900
	病虫害防治	0.5(净面积)	15	7.5	60	450
	起苗	25万株	2万株/工	12.5	60	750
	分级	25万株	10万株/工	2.5	60	150
	包装运输	25万株	5万株/工	5	60	300
	合计			128		7 680

表中苗木种类按林木种类填写,工作项目按工序填写,劳动定额从所发参考资料查得。

②种子需要量及其费用 种子需要量及其费用见表Ⅲ-3-2。

表Ⅲ-3-2 种子需要量及其费用表

树种	播种面积(hm^2)	每公顷播种量(kg)	种子需要量(kg)	每千克种子单价(元)	种子总费用(元)
(1)	(2)	(3)	(4)=(3)×(2)	(5)	(6)=(5)×(4)
杉木	0.627	60	37.6	400	15 048

③物料、肥料、药剂的消耗量及其费用 物料是指一些消耗的育苗材料,如覆盖稻草、草绳等,肥料是指基肥和追肥,药剂则包括播种前对种子的处理或对插穗的处理以及防治病虫害所需的各种药剂,杉木苗培育物料、肥料、药剂消耗量及费用见表Ⅲ-3-3。年度育苗生

产计划表,见表Ⅲ-3-4;年度苗圃资金收支平衡表,见表Ⅲ-3-5;树种育苗技术措施一览表,见表Ⅲ-3-6。

表Ⅲ-3-3 物料、肥料、药剂消耗量及其费用表

树种	品名	施用次数	每公顷用量(kg)	施用面积(hm²)	总用量(kg)	单价(元)	总价(元)
(1)	(2)	(3)	(4)	(5)	(6)	(7)	(8)
杉木	火烧土	1	45 000	0.69	31 000	0.05	1 550
	复合肥	1	750	0.69	517	3.4	1 757.8
	黄心土	1	45 000	0.69	31 000	0.03	930
	硫酸亚铁	1	2	0.69	1.4	20	28
	高锰酸钾	1	浸种	38kg	3	40	120
	过磷酸钙	1	1 500	0.69	1 035	0.56	579.6
	尿 素	3	75	0.5	112.5	2	225
	人粪尿	3	5 250	0.5	7 875	0.1	787.8
	硫酸铜	4	30	0.69	82.8	40	3 312
	稻 草	1	750	0.69	517.5	0.36	186.3
	铁 丝	1	45	0.69	31	8	248
合 计							9 724.5

④育苗成本总计 核算培育25万株1年生杉木苗的总成本,在核算成本时考虑了共同生产费、管理费和折旧费,共同生产费暂定为工资总额的5%,管理费暂定为500元,折旧费暂定为500元等间接成本(表Ⅲ-3-7)。

表Ⅲ-3-4 2008年度育苗生产计划表

树种	施业别	育苗面积（亩）	计划产苗量（千株）		苗木质量(cm)			种苗量(kg)	物料量					肥料量(kg)				药料量(kg)			用工量（个）		备注
			计	合格苗	留圃苗	地径	苗高	根长		稻草(m³)	草绳(m³)	秸秆(m³)	苇帘(张)	草帘(张)	木桩或铁丝(kg)	复合肥	火烧土	黄心土	尿素	人粪尿	过磷酸钙	硫酸亚铁	硫酸铜	高锰酸钾	人工	机械工	
(1)		(2)	(3)	(4)	(5)	(6)	(7)	(8)	(9)	(10)	(11)	(12)	(13)	(14)	(15)	(16)	(17)	(18)	(19)	(20)	(21)	(22)	(23)	(24)	(25)	(26)	(27)	(28)
杉木	播种	9.4	25	25		0.35	20	15	37.6	517.5					31	517	31 000	31 000	112.5	7 875	1 035	1.4	82.8	3	128		

表Ⅲ-3-5 年度苗圃资金收支平衡表

种类	收入项目			支出项目(元)	两抵后盈亏
	产苗量（千株）	单价（元/千株）	收入（元）		
杉 木	250	200	50 000	33 836	16 164

表Ⅲ-3-6 树种育苗技术措施一览表

顺序	作业项目	时间（年.月）	方法	次数	质量要求
1	整地	2007.8	全面翻垦圃地土壤	2	深度合适(25～30cm)，全面翻到
2	耙地	2007.9～10	全面犁耙，翻松土壤	2	平、松、匀、碎，检净草根石块，床面平整
3	施基肥	2007.9～10	撒施	1	有机肥应充分腐熟，肥料翻入深土层，使土肥相融结合整地肥料翻入深土层，应结合整地把肥料翻入深土层，使土肥相融
4	作床	2008.1～2	高床	1	长、宽、高，步道规格符合要求，床面平整，床沿紧实
5	土壤消毒	2008.1～2	药剂消毒	1	药剂种类、用量适宜，消毒彻底，不残留药害
6	种子处理	2008.2	水浸或层积催芽	1	方法选择正确；水温适宜，催芽时间合适，不重不漏，不残留药害
7	播种	2008.2	据种子大小选择点播、条播、撒播	1	方法选择正确，播种均匀，不重不漏；覆土，使种子吸胀或露白要求，播压，镇压，覆盖4个工序符合质量要求
...	...	...	...	...	...

表Ⅲ-3-7 育苗作业总成本表

(1)树种	(2)施业别	(3)育苗面积(hm²)	(4)产苗量(万株)	用工量(工)			直接费用(元)							直接成本(元)			总成本(元)	
							作业费 |||| 种苗费	物料费	肥料费	药料费	共同生产费	小计	千株成本	管理费(元)	折旧费(元)	总费用	千株成本	备注
				(5)人工	(6)畜工	(7)机械工	(8)计	(9)人工费	(10)畜工费	(11)机工费	(12)	(13)	(14)	(15)	(16)	(17)	(18)	(19)	(20)	(21)	(22)	(23)
杉木	播种	0.627	4	128			7 680	7 680			15 048	434.3	5 250.6	4 039.6	384	32 836	131.3	500	500	33 836	135.3	

案例4　日本落叶松育苗技术设计

日本落叶松[*Larix kaempferi*(Lamb.)Carr.]属松科，落叶松属，为高大落叶乔木，高达30m，树干端直，干皮暗褐色，树冠塔形，姿态优美，生长迅速，萌芽力强，材质坚实；喜光、喜肥、喜水、喜温暖湿润气候，是强喜光树种，具有一定的耐碱性，不耐干旱，不耐水湿，抗风力差。

落叶松的木材重而坚实，抗压及抗弯曲的强度大，而且耐腐朽，木材工艺价值高，是电杆、枕木、桥梁、矿柱、车辆、建筑等优良用材。同时，由于落叶松树势高大挺拔，冠形美观，根系十分发达，抗烟能力强，又可以用作城市园林绿化，因此，落叶松既是优良的速生用材树种，又是不可多得的风景林树种和园林绿化树种。在我国黑龙江、吉林、辽宁、内蒙古、山东、北京、河南、山西、湖北、四川、新疆等地均有栽培。日本落叶松是辽宁地区的主要造林树种，也是造林的先锋树种，目前辽宁东部地区人工林有60%以上是日本落叶松，栽培极为广泛。

日本落叶松以种子繁殖为主，也可采用扦插和嫁接等方法繁殖。日本落叶松育苗对土壤条件要求较高，适生于圃地平整，土层深厚、质地疏松、水源充足、排水良好、土壤肥沃、接种有菌根菌的中性或微酸性的砂质壤土的苗圃条件。

日本落叶松育苗技术设计是以辽宁林业职业技术学院实验林场的育苗生产实践为基础而编写的，主要介绍日本落叶松播种育苗技术，包括自然条件、经营条件、育苗设计目标、育苗技术设计等五部分。

一、自然条件

（一）地理位置

辽宁林业职业技术学院实验林场在辽宁省清原县境内，位于东经124°05′~124°26′，北纬41°30′~41°55′，系长白山系龙岗山脉北坡，林地较为分散，从东南向西北呈狭长的弯状，长约43km，地势西南高而西北低，属低山丘陵，最高峰海拔为880.6m，最低处海拔230m，相对高差650m，一般坡度在15°~25°之间。

（二）土壤条件

林场苗圃地势平坦，坡度在1°~5°之间，土壤为棕色森林土，pH值在5.5~6.7之间，多呈微酸至酸性反应，表层腐殖质含量高，团粒结构，含有多种营养元素，通透性良好，肥力较高，土壤中带有菌根菌。

（三）水源条件

林场位于浑河上游，水源较为丰富，主要河流有两条，东南部是黑牛河，境内全长约20km，北部是海阳河，境内全长约18km。林场苗圃有灌溉井、喷灌设施和排水设施，具备良好的灌排水条件，能够满足育苗的需要。

（四）气候条件

属温带湿润季风气候，大陆性气候特征明显，四季分明，适合林木种苗生产。最冷在 1 月份，最热在 7 月份，年平均气温 6~9℃，年极端最低气温 -37℃，年极端最高气温 36.5℃，>10℃ 的有效年积温为 2 476.4℃；全年日照时数 2 436.9h，无霜期 125~136d；年平均降水量为 1 562mm，主要风向为西南风，平均风速 2.3m/s。

二、经营条件

林场总经营面积 4 171.7hm²，森林蓄积为 55 万 m³，现有林区公路 14.7km，直通林场各工区；拥有职工 118 人，专业技术人员 30 人，林业高级工程师 1 人，林业工程师 10 人。

林场苗圃面积 15hm²，属于造林苗圃，自然条件优越，技术力量雄厚，培育近 20 个造林树种的苗木，是产、学、研相结合的教学基地。

三、育苗设计目标

1. 育苗任务

培育 2 年生日本落叶松苗木 20 万株。

2. 苗木规格

2 年生，经过一次移植，株形饱满，苗干端直，主侧枝分布均匀，充分木质化，根系发达，无病虫害和机械损伤，并达到以下 I 级苗或 II 级苗标准。

I 级苗：地径大于 0.60cm，苗高大于 40cm，根系长度大于 20cm，长度 5cm 以上的侧根数大于 15 条，根冠比大于 15。

II 级苗：地径 0.45~0.60cm，苗高大于 25~40cm，根系长度大于 18cm，长度 5cm 以上的侧根数大于 10 条，根冠比大于 12。

营造速生丰产林以及林业生态工程造林，原则上应采用 I 级苗。

3. 生产计划

按照育苗技术规程和相关育苗工程定额要求，制定年度育苗生产计划。

4. 育苗技术措施设计

根据苗圃既定的自然条件和经营条件，按照育苗技术规程的要求，本着科学、先进、合理和经济的原则，设计苗木培育各个环节的技术措施，要充分体现育苗生产的新理念、新规程、新技术、新工艺。

四、育苗生产规划

（一）育苗面积计算

(1) 播种苗面积

第一年播种育苗，进行床作撒播，苗床长 10m，床面宽 1m，步道宽 0.5m，定苗后株行距 5cm×5cm，苗木损耗按 10% 计算，需要育苗面积为：

$$S_1 = 20 \times (1 + 10\%) \times 10\ 000 \div [1/(0.05 \times 0.05)]$$

$$= 550 \text{m}^2$$

此为净面积，毛面积即实际需要面积为：

$$S_2 = 550 \div [10/(1.5 \times 10.5)] = 766.25 \text{ m}^2 = 0.0766 \text{hm}^2$$

（2）移植苗面积

第二年苗木移植，进行床作，规格同上，株行距为 8cm×15cm，则需要净面积为：

$$S_3 = 20 \times (1 + 10\%) \times 10\,000 \div [1/(0.08 \times 0.15)]$$
$$= 2\,640 \text{m}^2$$

毛面积为：

$$S_4 = 2\,640 \div [10/(1.5 \times 10.5)] = 4\,158 \text{m}^2 = 0.4158 \text{hm}^2$$

（二）育苗用工计划

根据育苗作业的要求，做出用工计划，并核算用工成本，详见表Ⅲ-4-1。

表Ⅲ-4-1　育苗所需劳力及工资表

苗木种类	工作项目	工作量 (hm²)	劳动定额 (工/hm²)	总需工数	每工工资 (元)	工资额 (元)
(1)	(2)	(3)	(4)	(5)=(3)×(4)	(6)	(7)
落叶松 1 年生 播种苗	整　地	0.077	30	2.3	50	115
	作　床	0.077	30	2.3	50	115
	施基肥土壤消毒	0.077	15	1.2	50	60
	种子处理	4kg	50kg/工	1	50	50
	播　种	0.055	30	1.7	50	85
	松土除草	0.077	30	2.3	50	115
	浇　水	0.077	15	1.2	50	60
	遮　荫	0.055	30	1.7	50	85
	追　肥	0.055	15	0.9	50	45
	间苗、补苗	0.055	30	1.7	50	85
	病虫害防治	0.077	15	1.2	50	60
	起　苗	22 万株	2 万株/工	11	50	550
	分　级	22 万株	10 万株/工	2.2	50	110
	移　植	22 万株	0.4 万株/工	55	50	2 750
落叶松 2 年生 移植苗	整　地	0.416	30	12.5	50	625
	作　床	0.416	30	12.5	50	625
	施基肥土壤消毒	0.416	15	6.2	50	310
	松土除草	0.416	30	12.5	50	625
	浇　水	0.416	15	6.2	50	310
	追　肥	0.264	15	4.0	50	200
	病虫害防治	0.416	15	6.2	50	310
	起　苗	20	2 万株/工	10	50	500
	分　级	20	10 万株/工	2	50	100
	包装运输	20	4 万株/工	5	50	250
合　计				162.8		8 140

（三）育苗用物、肥、药料及种苗计划

培育日本落叶松1年生播种苗和2年生移植苗物料、肥料、药料和种苗用量及费用核算见表Ⅲ-4-2。

表Ⅲ-4-2　物料、肥料、药料使用计划表

树种	品名	施用次数	每公顷用量（kg）	施用面积（hm^2）	总用量（kg）	单价（元）	总价（元）
(1)	(2)	(3)	(4)	(5)	(6)	(7)	(8)
日本落叶松	种子	1	690	0.055	3.8	400	1 520
	河砂	2	60（m^3）	0.055+0.264	19.1	50	955
	硫酸亚铁	2	150	0.077+0.416	74	10	740
	高锰酸钾	1	浸种	4kg	1	10	10
	甲拌磷	2	150	0.077+0.416	74	3	222
	过磷酸钙	3	1 500	0.055+0.264	4/8.5	2	957
	尿素	3	1 200	0.055+0.264	382.8	4	1 531.2
	堆肥	2	75 000	0.077+0.416	36 975	0.1	3 697.5
	草帘	1	1 500（片）	0.055	82.5	10	825
	铁丝	1	1 500（m）	0.055	82.5	3	167.5
	合计						10 625.2

（四）育苗总成本计划

核算培育20万株2年生落叶松苗木的总成本，在核算成本时考虑了共同生产费、管理费和折旧费，共同生产费暂定为工资总额的10%，管理费暂定为1 500元，折旧费暂定为1 500元。详见表Ⅲ-4-3。

表Ⅲ-4-3　育苗总成本计划

树种	施业别	育苗面积（hm^2）	产苗量（株）	用工量人工	直接费用（元）						直接成本（元）	管理费（元）	折旧费（元）	总成本（元）		产值（元）		差额（元）
					作业费人工费	种苗费	物料费	肥料费	药料费	共同生产费				总费用	千株成本	苗木单价	总产值	
(1)	(2)	(3)	(4)	(5)	(6)	(7)	(8)	(9)	(10)	(11)	(12)	(13)	(14)	(15)	(16)	(17)	(18)	(19)
落叶松	移植	0.493	20万	162.8	8 140	1 520	1 947.5	6 185.7	972	814	19 579.2	1 500	1 500	22 579.2	112.9	0.2	40 000	17 420.8

五、育苗技术设计

（一）土壤处理

1. 耕地与施基肥

育苗前一年秋末冬初全面深耕一次，深度20~30cm，不耙越冬，翌年早春土壤解冻后浅耕20cm，耕细整平，为作床播种打好基础。

施基肥，以充分腐熟的堆肥、厩肥为主，配施少量化肥，一般每亩用量：有机肥4 000~6 000kg，磷肥25~50kg，尿素10~20kg。在耕地前施入，耕地时翻于土内。

2. 育苗地轮作

育苗地应实行轮作制，以提高圃地土壤肥力，改良土壤结构、减少杂草滋生，达到以地养地的目的。轮作期种植箭舌豌豆、红豆草、黄豆等豆科植物，于盛花期结合伏耕压青，不能种植玉米、蔬菜、烟草等作物。

3. 作床

在播种前2周作床，作床时捡净石砾、草根、整平耙碎。日本落叶松一般采用高床，床面高出步道15~25cm，床面宽1.0~1.2m，床长10~20m，步道宽30~50cm。要求做到床面平整，床缘笔直，土粒细碎，上虚下实，步道深浅一致。

4. 土壤消毒

结合作床作业，进行土壤消毒，每亩用硫酸亚铁10~15kg，3%~5%的甲拌磷颗粒剂10~15kg，结合整地均匀撒入土壤中，以达到对土壤杀虫灭菌的目的。也可在做床后喷施甲基溴，然后用塑料薄膜覆盖熏蒸1周，也能起到很好的消毒作用。

（二）种子处理

1. 种实调制

日本落叶松种子在当年9月份成熟，要在9月初至9月中旬采种，采种期不超过10d，采下落叶松球果，然后用晒干法或人工加热干燥法进行干燥，使果鳞失水开裂，种子脱出，也可进行机械脱粒；脱粒后进行净种，清除杂物，种子净度不低于97%；如果种子需要进行长期贮藏，要对种子进行适当干燥，种子含水量达到9%~10%即可。落叶松种子的发芽率一般为40%~50%。

2. 种子精选

在对种子进行催芽处理前，对落叶松种子尤其是经过长时间贮藏的种子，要进行净种，清除杂物及没有生命力的种子，进一步提高种子的精度，以便于确定合理的播种量。

3. 种子消毒

对种子进行消毒灭菌，以防止种子发霉腐烂及幼苗感染病虫害，常用的方法：

①用0.5%~1.0%的硫酸亚铁溶液浸种2h，捞出用清水洗净。

②用0.3%~0.5%的高锰酸钾溶液浸种1h，捞出用清水洗净。

③用0.15的福尔马林溶液浸种30min，捞出密封2h，用清水洗净。

4. 种子催芽

对种子进行催芽，能够打破种子休眠，促进种子萌发，缩短出苗期，提高发芽率，提高幼苗质量,同时还可以控制出苗时间,有利于避开一些不良环境因素。日本落叶松种子催芽常用的方法有一般低温层积催芽、雪藏催芽、室内沙藏催芽、水浸催芽等。

(1) 一般低温层积催芽

于秋末冬初土壤结冻前,在室外选择地势高燥、排水良好处挖贮藏坑,坑宽 1.0～1.5m,长度视种子数量而定,坑深位于结冻层以下,地下水位以上。在坑底铺 15cm 厚的河卵石或粗砂,再铺 10cm 厚湿润的细砂。在坑底中央插一束秸秆或带孔的竹筒,如果贮藏坑较长,要每隔 1.5m 插一束秸秆。然后将经过精选和消毒的种子与湿润的细砂按 1:3 的比例混合堆积或层积于坑内,要求细砂的含水量为 60%,即手握成团但不出水,松手触之即散为宜。堆至距坑面 20cm 时,用湿润的细砂将土坑填平,在地面堆成丘状,用稻草或草帘覆盖。在贮藏坑周围挖排水沟,以防止积水,设置铁丝网,以防止人畜破坏。在贮藏期间经常检查催芽情况,如发现坑内积水或其他异常情况,要及时采取措施进行处理。

(2) 雪藏催芽

于秋末冬初土壤结冻前,在室外选择地势高燥、排水良好处挖贮藏坑,坑宽 1.0～1.5m,长度视种子数量而定,坑深位于结冻层以下,地下水位以上。在坑底铺 15cm 厚的河卵石,或粗砂,或冰块,再铺 10cm 厚湿润的细砂。在坑底中央插一束秸秆或带孔的竹筒,如果贮藏坑较长,要每隔 1.5m 插一束秸秆。在降大雪时,将经过精选和消毒的种子与雪按 1:3 的比例,或种子、砂子、雪按 1:2:3 的比例混合堆积或层积于坑内,堆至距坑面 20cm 时,用雪将土坑填平,在地面堆成丘状,用稻草或草帘覆盖。在贮藏坑周围挖排水沟,以防止积水,同时设置铁丝网,以防止人畜破坏。在贮藏期间经常检查催芽情况,如发现坑内积水或其他异常情况,要及时采取措施进行处理。于播种前 7d 左右,撤除覆盖,用冷水浸种 12～24h,然后在室内混沙堆积,温度控制在 20℃ 左右,适当洒水;同时经常翻动检查,待种皮开裂、露白,达到 30% 左右时播种。

(3) 室内沙藏催芽

于 8 月末,选择干净通风的室内,对地面和墙面进行消毒,把经过消毒的落叶松种子水浸 24h,取出与湿润的细砂按 1:3 的比例混合堆积或层积于室内,要求细砂的含水量为 60%,即手握成团但不出水,松手触之即散为宜。种子堆积高度不超过 60cm,砂子湿度始终保持在 60% 左右,在 8～9 月气温较高时,隔天翻动种子一次,在气温降低封冻前要浇足水,使其冻结。在播种前 1～2 周检查种子催芽状况,如果催芽效果不好,可把种子转移到 20～25℃ 的条件下继续催芽,直至有 30% 的种子种皮开裂、露白,即可播种。

如果种子数量较少,也可把种子与湿润的细砂混合装于袋中,放置在冰箱中进行催芽。

(4) 水浸催芽

在播种前 15～20d,将种子用浓度为 0.5% 的小苏打水在 20～30℃ 条件下浸种 24h,以除去种壳上的脂类物质,然后转入清水中在室温条件下浸种,水量超过种子 5 倍,每天换水一次,连续浸种 7～12d,捞出种子摊开晾于室内,经常翻动、喷水,经过 5～10d,有 30%～40% 种子裂嘴即可播种。

(三)播种技术

1. 选择适宜的播种期

适宜的播种时间应根据地温测量和实践经验来确定,当土壤 50cm 深处,日平均气温稳定在9℃左右时，即可播种。东北地区一般在4月中下旬至5月上旬播种日本落叶松。

2. 确定合理的播种量

依据计划产苗量、种子净度、千粒重、发芽率、环境状况及种子的损耗情况确定单位面积播种量，一般发芽率为50%左右的日本落叶松种子，每亩播种量为4~6kg。在播种时还要精确计算每个苗床甚至每个播种行的播种量，这样才便于更好地掌握播种量，使播种更均匀。

3. 采用正确的播种方法

日本落叶松种子种粒比较小，可采用撒播或条播方法播种。条播一般采用宽幅条播，播幅15cm，行距8cm。

4. 掌握播种工艺过程

播种一般包括开沟、播种、覆土、镇压、覆盖等工序。

(1) 开沟

撒播时把床面耧平压实，直接播种即可；条播时要首先在床面用铁镐或开沟器横向开沟，沟的深度为2~3cm，沟底宽达到15cm，沟距10cm。开沟后对沟底稍加镇压，把沟底整平压实，这样有利于毛细管水上升，保证种子正常萌发。

(2) 播种

首先进一步计算出每个苗床的播种量，然后分床播种，播种日本落叶松，如果苗床的面积为10m²，则每个苗床播种量为100~150g。播种时分取每个苗床所需要的播种量，混2~3倍的细砂，均匀地撒于每个苗床。

(3) 覆土

用过筛森林腐殖质土或森林腐殖质土与细砂、新鲜锯末按4:2:1的比例配制成混合土进行覆土，覆土时用筛子边筛边覆，覆土厚度为0.5~0.8cm，覆土要均匀一致。

(4) 镇压

覆土后用石磙或铁磙镇压床面，使种子与土壤密接，有利于从土壤中获得充足的水分。

(5) 覆盖

为了保持土壤湿润，调节地表温度，防止土壤板结和杂草滋生，便于水分管理，播种后可用稻草、草帘等进行覆盖，也可用土面增温剂或塑料薄膜进行覆盖。覆盖后经常检查防止覆盖物被破坏，当幼苗出土达到40%~50%时，要分2~3次及时撤除覆盖。

5. 注意事项

①播种前1周左右，对播种地进行全面灌溉，确保底墒充足。
②条播要做到开沟笔直，深浅一致。
③要最大限度地保证播种均匀一致，做到不漏播。
④覆土厚度均匀一致，要做到不重覆、不漏覆。
⑤开沟、播种、覆土要紧密衔接，做到边开沟、边播种、边覆土。
⑥覆盖物的撤除应在阴天或傍晚进行。

(四) 抚育管理

1. 遮阴

落叶松幼苗抗性较弱，出苗后应适当进行遮阴，以防日灼危害。

2. 防止鸟兽害

从播种至苗木种壳脱落期间，易遭鸟兽害，应注意防护。从幼苗脱壳到速生期大约要经过45d，此时幼苗生长发育缓慢，根茎幼嫩，抵抗自然灾害能力较弱。此期因气温逐渐升高，幼苗受到病虫、杂草和干旱等威胁，因此要细致管理。

3. 水分管理

播种芽前，如果土壤水分能够满足种子萌发的需要，尽量不要灌溉，如果土壤过干需要灌溉的话，为了避免引起土壤板结，应采用侧方灌溉方法，将苗床灌透。因为播种较浅，种子位于地表，因此由于侧方灌溉引起地温降低而对苗木产生的影响会很小，也不太可能出现由于水分过多而引起种子腐烂的现象。

出苗后，应根据天气情况和土壤墒情，结合苗木不同发育阶段的不同要求进行灌溉。在生长初期每2周灌溉1~2次，在速生期每周灌溉1~2次，生长后期尽量不灌溉。

4. 松土除草

疏松土壤，提高通透性，及时清除杂草，促进苗木生长，松土除草一般每2周进行1次。对于落叶松育苗地可采用化学除草剂进行除草。在播种前施用除草剂扑草净，每平方米用量0.3~0.4g，配成水溶液均匀喷洒床面；苗期用等剂量配成药土，于无风大气均匀撒于床面，然后稍喷水，使药土附着土壤表面，每隔40d施用1次；步道和地边可施用草甘膦除草。

5. 间苗

播种育苗需要间苗，间苗一般在苗木生长初期，即5月中下旬至6月上中旬分2~3次进行。为保证苗木质量，要做到疏密适度，分布均匀，留纯去杂，留大去小，留优去劣，清除被压苗、病虫害苗、机械损伤苗、多余苗等；缺苗地段需要进行补苗，最后定苗250~450株/m^2，保证每亩生产1年生苗木10万~16万株。

6. 施肥

1年生苗可采用叶面追肥方法。当幼苗真叶展开即可进行喷肥。幼苗期选用高磷低氮无钾的磷酸二胺，浓度0.3%~0.5%，每亩用量0.5kg；幼苗地上部分新梢抽出进入速生期，用高氮的尿素追施，溶液浓度0.5%，每亩用量1.0kg；后期施用高钾低磷无氮的磷酸二氢钾，浓度0.5%左右，每亩用量1.0kg。叶面喷肥要在晴天16:00以后进行，苗木生长期每半月喷施1次。在速生期除叶面追肥外，还可采用腐熟的人粪尿对水稀释后浇灌苗木行间或追施硝铵，每亩5kg，开沟施入，土壤追肥后要充分灌水，使肥料迅速溶解以防肥害。

7. 病虫害防治

坚持"预防为主，综合防治"的原则，实行药剂预防保护。覆盖物撤除后，喷施1%~2%的波尔多液或2%~3%硫酸亚铁，每周1次，连续3~5次，预防苗木立枯病发生；为防止蝼蛄、金针虫、地老虎等地下害虫的危害，可采用1%~2%辛硫磷乳剂或甲基异柳磷乳油溶液，扎眼灌药防治；零星地块发生，可进行人工挖除。

8. 苗木移植

1年生日本落叶松苗必须进行换床移植，以促使苗木根系生长。移植时间应在早春土壤解冻后，树液尚未开始流动时进行，以早春为佳。移植前应做好整地、作床等准备工作，其规格与要求同播种苗。

移植密度控制在80~100株/m^2，要求行距20cm，株距5~7cm。剪除过长和受损根系，根系长度保留 12~15cm, 用生根粉进行蘸根, 或用泥浆蘸根, 或用清水浸泡苗根, 以缩短缓苗期, 促进苗木生长。移植时对苗木进行分级移栽, 分级管理。移植时要做到随起随栽, 栽正压实, 防止窝根, 深度应比原土痕深 1~2cm, 移植后及时灌溉, 浇透定根水。力求苗木根系舒展, 苗干端直, 深浅适宜, 根土密接。

9. 苗木出圃

苗木出圃包括苗木调查、起苗、选苗分级、假植、包装和运输等环节。

(1) 苗木调查

在调查地段均匀设置样地 15~20 块, 每块样地面积应包含苗木 30 株, 在样地内调查苗木的质量和产量, 产量调查应进行每木调查, 质量调查株数不少于 100 株, 采用系统抽样法选取, 测量苗高、地径、根长、根幅、侧根数, 然后进行记载、统计, 计算出每个等级苗木的质量和产量。

(2) 起苗

日本落叶松起苗宜在春季苗木萌动前进行, 人工起苗、机械起苗和畜力起苗均可, 起苗时要达到适当的深度, 保证苗木完整, 不受损伤, 主根长度不少于 20cm。

(3) 苗木分级

苗木起出后根据苗木分级标准立即分级, 适当修剪, 并分别统计, 分别包装。

Ⅰ级苗: 达到出圃规格要求, 可以用于造林, 发育健壮, 为优良苗木或壮苗, 规格标准: 地径大于 0.60cm, 苗高大于 40cm, 根系长度大于 20cm, 长度 5cm, 以上的侧根数大于 15 条, 根冠比大于 15。

Ⅱ级苗: 达到出圃规格要求, 可以用于造林, 发育中等, 为一般苗或合格苗, 规格标准: 地径 0.45~0.60cm, 苗高大于 25~40cm, 根系长度大于 18cm, 长度 5cm 以上的侧根数大于 10 条, 根冠比大于 12。

Ⅲ级苗: 未达到苗木出圃规格要求, 不能用于造林, 但有培养前途。

Ⅳ级苗: 未达到苗木出圃规格要求, 不能用于造林, 也没有培养前途, 一般为感染病虫害苗木、受损伤苗木、无头苗、双叉苗等, 属于废苗。

(4) 苗木假植

不能及时造林和外运的苗木, 应选择地势高、背风、排水良好的地方进行假植。垂直于主风方向挖贮藏沟, 沟深 1m, 宽 1m, 长 10~20m, 迎风坡呈 45°, 然后把苗木并排摆放在斜坡上, 梢端向上, 摆一层苗木填一层土, 摆满后采实, 覆盖, 浇透水。临时假植在根部培土浇水即可。越冬假植期间, 要经常检查, 防止苗木风干失水及发霉腐烂。

(5) 苗木运输

在运输前要对苗木进行包装, 在根部夹湿草或套草袋, 在干旱地区, 事先要蘸泥浆, 尽量保持根系湿润, 防止失水。每个包装 500~2 000 株, 40kg 左右, 在包装上贴标签, 注明树种、产地、苗龄、株数等。在运输过程中, 要防止苗木发热、风干、失水, 避免挤压、风吹、日晒、霜冻。

苗木运输前必须经过有关部门严格检疫, 并由检疫部门签发检疫证书, 否则不可运输。苗木运到目的地后, 如不立即栽植, 要进行临时假植。

案例5　南平市市郊林场杨真堂工区 19大班1(4)小班造林作业设计

一、实训目的及要求

通过南平市市郊林场杨真堂工区19大班1(4)小班造林作业设计综合实训使学生掌握作业区测绘、调查，造林作业设计内业资料整理、平面图、设计图绘制，造林作业技术设计，编制造林作业设计表和造林作业设计说明书等基本操作技能，进一步巩固理论知识，加强实践动手能力，培养学生分析、解决问题和独立思考能力。培养学生热爱专业、吃苦耐劳、关心集体、团队协作的良好职业道德。

二、实训仪器配备要求

以组为单位配备一套罗盘仪、视距尺、花杆、皮尺、钢卷尺、工具包、锄头、铲、镐、劈刀、各类调查记录表、造林作业设计表、绘图工具、方格纸、笔等。

三、实训步骤

(一)准备工作

1. 业务培训、人员组织

根据实训大纲要求制定计划，安排综合实训任务，先进行实训动员和业务培训；并将林业技术0503班40个同学根据业务能力分成4个组，每组10个人，选出一个小组长，组内人员进行合理分工，并采用轮岗制进行综合实训全过程训练。

2. 选择造林作业区

选择南平市市郊林场杨真堂工区19大班，1(4)宜林地小班。

3. 资料收集

调查前应以组为单位收集各类资料：南平市市郊林场杨真堂工区1∶10 000的地形图和林业基本图、山林定权图册、森林资源调查簿、森林资源建档变化登记表、调查设计记录用表、造林调查设计记录用表、林业生产作业定额参考表、各项工资标准、造林作业设计规程、造林技术规程等有关技术规程和管理办法等；造林作业区的气象、水文、土壤、植被等资料；造林作业区的劳力、土地、人口居民点分布、交通运输情况、农林业生产情况等资料。

(二)造林作业设计外业工作

1. 现场踏查

首先让学生分组对南平市市郊林场杨真堂工区19大班，1(4)小班进行现场踏查，让同学明确该作业区的范围、境界及面积；确定测量工作顺序、方法步骤和各作业小组分工；了解该作业区的地形、地势、山脉、河流、道路、地类、土壤、植被等自然情况；了解该作业区乡土树种的造林技术与经验。

2. 造林作业区面积测量

①方法　罗盘仪闭合导线跳站法测量。要求对作业区面积用罗盘仪实测；

②闭合差　境界线闭合差≤1/100；

③现场勾绘　测量过程中，明显地物、地貌应勾绘，并尽量做到现场成图。绘图比例尺1/2 000～1/5 000；

④规范记录　罗盘仪测量记录应规范。

3. 造林作业区调查

充分利用现有资料，并采取路线调查和抽样调查相结合方法，对南平市市郊林场杨真堂工区19大班，1(4)小班进行位置、作业区立地特征、植被、社会经济情况进行全面调查，认真记录造林作业区现状调查表。

（三）造林作业内业工作

1. 图面材料绘制

①造林作业区实测平面图的绘制（以组为单位绘制1份）。

②造林作业区造林作业设计图绘制（以组为单位绘制1份）。

2. 造林作业技术设计

以个人为单位，要求同学运用森林营造技术的理论知识，按照《造林技术规程》(GB/T 15776—2006)、行业标准《造林作业设计规程》(LY/T 1607—2003)，结合造林作业区（南平市市郊林场杨真堂工区19大班，1(4)小班）测量、调查的基本情况，进行该作业区的造林设计、幼林抚育设计、辅助工程设计、种苗需求量计算、工程量统计、用工量测算、施工进度安排、经费预算等造林设计工作，并编制各类造林作业设计表，编写造林作业设计说明书。

3. 造林作业设计说明书编写

以福建省南平市市郊林场杨真堂工区19大班，1(4)小班为单位编写年度造林作业设计说明书，包括前言、造林作业区概况、作业区立地条件类型划分、造林作业技术设计、用工投资概算、小结（每人提交1份）。

福建省南平市市郊林场杨真堂工区19大班，1(4)小班造林作业设计说明书

森林营造是森林经营活动的主要组成部分，是森林培育不可缺少的基础环节，在扩大森林资源、提高森林质量、加强生态环境建设和保护等方面发挥着关键作用。为了保证造林质量，提高造林成效，扩大森林资源面积，改善生态环境，使造林经营建立在科学的基础上，必须在造林前进行造林作业设计。

为了巩固森林营造理论知识，培养学生独立分析、解决林业生产实际问题能力，根据本

课程实践教学大纲要求,并结合林业生产实际,安排造林作业设计综合实训项目,让学生掌握造林作业区选择、作业区测绘和调查、造林作业设计、造林作业设计成果编制、造林施工的基本技能,提高学生实践动手能力,为顶岗实习奠定基础。

本次综合实训从2006年11月12日到11月16日历时5d,由黄云鹏副教授、郑达华老师进行技术指导,学生每10人划分一个实习组,对一个具体造林作业区进行全过程的造林作业设计实践。具体安排为:11月12日进行工具仪器材料准备和技术培训;11月13日进行造林作业区的外业调查、测绘工作;11月14~16日进行造林作业设计的内业工作:包括内业资料统计整理、图面材料绘制、面积求算、造林作业技术设计、编制造林作业设计成果等。

一、造林作业区概况

(一)地理位置

福建省南平市市郊林场建于1958年5月,场址几经搬迁,现设在南平市延平区西芹镇长沙自然村(南平市西溪路66号),位于南平市的西南郊区,离市区7km。富屯溪、鹰福铁路、205、316国道、京福高速公路横穿而过,公交汽车往返频繁,公路、铁路、河流形成了相互交织的运输网络,水陆交通十分便利,具有优越的地理环境,有利于各种运输和林业生产。南平市市郊林场杨真堂工区19大班,1(4)小班为采伐迹地,地处316国道和鹰福铁路附近,交通方便。

(二)地形、地势

南平市市郊林场属于武夷山脉东南延伸的低山丘陵地带,海拔多数为100~650m,最高达726m,坡度多在15°~30°之间。南平市市郊林场杨真堂工区19大班,1(4)小班海拔628m,坡度26°,东南坡向,位于长坡中部。

(三)气候、水文

南平市市郊林场气候温和、雨量充沛,年平均降水量1 720mm左右。4~6月为雨季,7~9月为旱季,无霜期300d以上。

(四)土壤

土壤以红壤为主,土层中厚层居多,土壤多呈酸性,土壤中等肥沃级以上居多。成土母质主要为页岩、砾岩等。南平市市郊林场杨真堂工区19大班,1(4)小班母岩为砾岩,土层厚度120cm,腐殖质层厚度21 cm,土壤质地砂壤至中壤,pH值6.3,微酸性黄红壤。

(五)植被

林下植被多为小檵木、小刚竹、五节芒、芒萁骨。据调查,全场Ⅰ、Ⅱ类立地条件类型面积占38.55%,Ⅲ类地占51.3%。杨真堂工区19大班,1(4)小班植被为软杂灌、蕨类、五节芒等,灌木层盖度50%,草本层盖度60%。

综上所述,南平市郊林场自然条件较好,气候温和,雨量充沛,土壤中等肥沃及以上居多,适宜培育杉木、马尾松、阔叶树等多种用材林,适合发展毛竹和多种名特优经济林。经调查分析得知,南平市市郊林场杨真堂工区19大班,1(4)小班面积115亩,自然条件优越,立地质量等级评价为肥沃级(Ⅰ),适宜营造杉木速生丰产用材林。

（六）社会经济情况

南平市地处闽北山区,社会经济发展相对落后,林业是闽北的支柱产业之一。全场现有总人口1 295人,在职职工31人,其中干部16人,工人15人,离退休人员26人,下设长沙、火车站、杨真堂、九潭等4个工区。场部设有党支部、工会、共青团、妇联等组织及综合科、计财科、生产科、森林公安派出所等职能部门。

二、立地条件类型划分

立地条件类型划分是造林规划设计、造林调查设计和造林作业设计的基础工作。要做到因地制宜、正确选择树种、设计科学的营造林技术措施,首先应充分了解造林地特性和树种特性。本次综合实训,以组为单位,对南平市市郊林场杨真堂工区19大班,1(4)小班首先进行地形、土壤、植被等立地因子调查,根据二类调查的森林资源调查簿、作业区路线调查和4个土壤全剖面、10个样方的补充调查,进行资料整理分析,并按《福建森林立地分类系统》标准进行该作业区立地类型划分和立地质量评价。具体划分结果为：南方亚热带立地区域、武夷山山地立地区、武夷山戴云山山间立地亚区、山地立地类型小区、低山带长坡中部立地类型组、低山带长坡中部中厚土中厚腐立地类型,立地条件类型代码为：Ⅶ41D(A)f(21)。查找武夷山戴云山山间立地亚区立地质量等级表,南平市市郊林场杨真堂工区19大班,1(4)小班立地质量等级评价为肥沃级(Ⅰ)。

三、造林技术设计

（一）造林设计

1. 林种、树种的选择

南平市是福建省木材重点产区,也是福建省速生丰产林建设重点区域。根据"因地制宜、地尽其利、合理利用土地资源"的原则,根据南平市市郊林场的自然条件和社会经济特点,南平市市郊林场杨真堂工区19大班,1(4)小班林种设计为速生丰产用材林。遵循满足造林目的要求、适地适树原则选择造林树种,该作业区目的树种选择杉木,并以木荷作为防火林带树种。

2. 苗木准备

选用福建洋口林场杉木种子园的良种进行苗木培育,育苗按照国家标准和福建省育苗技术规程进行科学育苗。造林用杉木苗选用1年生,地径≥0.45cm、苗高≥30cm、根系长度≥20cm、>5cm长Ⅰ级侧根数≥15根的Ⅰ级壮苗；木荷苗选用1年生,地径≥0.60cm、苗高≥50cm、根系长度≥25cm、>5cm长Ⅰ级侧根数≥8根的Ⅰ级壮苗；从起苗到栽植全过程中,应注意保护苗木,避免损伤和苗木水分损失,适当修剪苗木根系,并进行根系蘸泥浆处理,木荷苗还需适当修剪枝叶。本作业区共需杉木Ⅰ级壮苗23 000株,木荷Ⅰ级壮苗600株。

3. 造林地清理和整地

由于该作业区植被茂密,灌木和草本盖度较大,高度较高,为便于整地和栽植作业,设计劈草炼山清理,时间为2007年7~8月。炼山前应开好防火路,并选择无风、阴天的清晨或傍晚烧炼。炼山后应清杂,烧堆或剩余物堆烧。因该作业区坡度达26°,为保持水土设计块状整地,采用块状整地,于造林前3~6个月进行,穴规格60cm×40cm×40cm,做到挖明穴、回表土。结合整地可每穴施0.15kg的复合肥,注意将肥料与穴底土拌均匀再覆土,避免和苗木根系接触。

4. 栽植配置

该作业区营造杉木纯林,并配置木荷防火林带。造林密度设计以立地条件、树种特性、造林目的、造林技术、经营条件等为依据,因杉木中性偏喜光,速生,树冠较窄,主干通直圆满,自然整枝能力强;浅根性且根穿透力弱;喜温湿,怕风怕旱,喜肥嫌瘦。速生丰产林造林技术水平高,实行集约经营,且近年杉木小径材销路好,因此造林密度初植密度可设计为每亩200株,株行距1.5m×2m,采取长方向配置,行带沿山地等高线方向设置。

5. 造林季节与造林方法

造林季节和具体时间选择2008年1月份的阴天、小雨天或雨后晴天进行。

造林方法采用植苗造林穴植法。造林时应做到:随起苗、随蘸根、随栽植;栽植时应遵循"三埋两踩一提苗",将苗木栽正扶直、适当深栽(达地上部分1/3~1/2),并先填表土湿土,后填心土,分层覆土、分层压实,根部培松土;应达到根系舒展、严防窝根、深浅适度(深栽至根际以上10cm)、根土密接、不反山等技术要求。

(二)幼林抚育设计

采取集约经营方式,连续抚育3年,每年抚育1~2次。造林当年4月扩穴培土1次(70~80cm),8~9月全面锄草松土1次(深7cm)。第2年全面翻土1次,深20cm,并劈除萌芽条。第3年4~5月及8~9月各全面锄草松土1次。幼林施肥结合第2年松土除草每株施碳酸氢铵0.1kg。

(三)种苗需求量计算

根据该作业区杉木初植密度设计和小班造林面积,可计算出该作业区需要省定杉木Ⅰ级壮苗:200×115,共23 000株,木荷Ⅰ级壮苗600株。种苗来源和苗木具体标准详见苗木准备部分。

(四)工程量、用工量和投资概算

根据造林作业设计中各造林和营林工序的劳动定额(参考福建省国有林业单位现行劳动定额),概算营造林工程量,包括林地清理、整地挖穴、施基肥、造林栽植、幼林抚育、追肥的工程量,肥料、农药等造林所需物资数量,相应物资、材料的需求量等;并根据造林地面积、造林作业工程数量及其相关的劳动定额,计算用工量,结合施工安排测算所需人员与劳力;根据用工量和日工资测算造林作业各工序投资额。经概算得知:南平市市郊林场杨真堂工区19大班,1(4)小班营造速生丰产用材林共需投工1 909工,用工投资95 450元,其中林地准备投工1 092.5工,投资54 625元;造林投工172.5工,投资8 625元;幼林抚育投工 644 工，投资 32 200 元；肥料费投资 16 330 元；种苗费投资 4 780 元。详见表Ⅲ-5-3：造林作业设计表，表Ⅲ-5-5：2007 年造林工程量、用工量及投资概算一览表。

（五）施工进度安排

根据季节、种苗、劳力、组织状况做出施工进度安排，详见说明书和表3。

（六）经费预算

分苗木、物资、劳力和其他 4 大类计算。种苗费用按需苗量、苗木市场价、运输费用测算。物资、劳力以当地市场平均价计算。计算表详见附表3、表5。

四、造林作业设计图和设计表

各造林作业设计详见表Ⅲ-5-1 至表Ⅲ-5-6。

表Ⅲ-5-1　造林作业区现状调查表（正面）

编号：	日期：2006 年 11 月 13 日	调查者：陈辉	
位置：　南平　县（市区）　市郊　乡（镇场）　杨真堂　村（工区）1　林班　19　大班（小班））1(4)			
地形图图幅号：	比例尺：1:100 000	千米网范围：　东　西　南　北	
作业区面积：　　hm²（精确到0.01），相当于　115　亩（精确到0.1）			
地貌类型：　(1)中山　√(2)低山　(3)高丘　(4)低丘　(5)台地　(6)平原　(7)其他（具体说明）			
海拔：　628m	坡度：26 度	坡向：东南	坡位：中　立地质量等级：Ⅰ
地类：(1) 宜林荒山荒地 √　(2) 采伐迹地　(3) 火烧迹地　(4) 宜林沙荒地　(5) 可封育成林的荒山荒地　(6) 林中林缘空地　(7) 暂未利用的荒山荒地　(8) 疏林地　(9) 低质低效林林地　(10) 其他（沼泽地、滩涂、农地等或具体说明）			
母岩类型：(1)流纹岩　(2)花岗岩　(3)片麻岩　(4)粗面岩　(5)正长岩　(6)安山岩　(7)闪长岩　(8)玄武岩　(9)辉绿岩　(10)辉长岩　(11)泥质岩　(12)页岩　(13)板岩　(14)千枚岩　(15)片岩　(16)凝灰岩　(17)砂岩 √(18)砾岩　(19)角砾岩　(20)石英岩　(21)石灰岩　(22)大理石　(23)第四纪红色或黄色黏土类			
土壤名称：黄红壤	土层厚度(cm)：120	腐殖层土层(cm)：21	
石砾含量(%)：	pH 值：6.3	质地：①砂土　②砂壤土　③轻壤土　④中壤土　⑤重壤土　⑥黏土	
植被类型： 总盖度(%)：	盖度(%)：乔木层　　灌木层 50　　草本层 60		
	高度(cm)：乔木层　　灌木层 150　　草本层 60		
需要保护的对象：山脊线上的林木及阔叶树。			
前茬树种、生长状况及拟营造树种选择建议：前茬树种为杉木，生长良好。因此地土壤肥沃，立地条件良好，拟营造杉木速生丰产用材林。			
备注： 评价(立地条件好坏、利用现状、造林难易程度、有无水土流失风险、有无需要保护的对象、权属是否清楚、交通是否方便、光照、湿度、风害、寒害、适宜的树种、整地方式、栽植配置等)			

表Ⅲ-5-2 造林作业区现状调查表(反面)

面积测量野账与略图

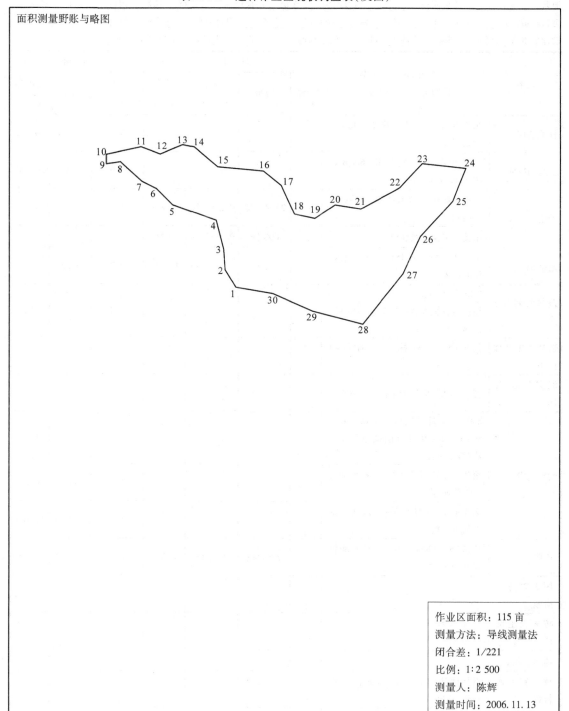

作业区面积：115亩
测量方法：导线测量法
闭合差：1/221
比例：1∶2 500
测量人：陈辉
测量时间：2006.11.13

填表说明：造林作业区立地特征中地貌类型、地类、母岩、土壤质地等项用选择法填写，选择其一，将前面的号码涂黑。其他各项填写实际数。

表Ⅲ-5-3　造林作业设计表

编号　南平市市郊林场　乡(镇、场)　杨真堂　村(工区)　1　林班　19　大班(小班)　1(4)
地名　后洋　　小班面积　115亩　造林面积　115亩　培育目标　大径材　林种　用材林　树种　杉木
更新改造方式　人工更新　山权　林场　经营权　国有　设计单位　南平市郊国有林场　资质　
设计负责人　许鲁平　职称　高级工程师　作业设计参加人员　陈辉　林信义　工日单价　50元/天

内容	设计要求(年度、季节、次数方式、规格等)	物资量				用工量		
		定额	数量	单位价格	投资额(元)	定额(工日/亩)	数量	投资额(元)
林地清理	2007年7~8月,劈草、炼山、清杂					3.5	402.5	20 125
整地与挖穴	2007年秋季挖穴规格60cm×40cm×40cm					6.0	690	34 500
种苗	洋口林场优良杉木种源,1年生,Ⅰ级壮苗		23 000株	0.2元/株	4 600			
	木荷1年生Ⅰ级壮苗		600株	0.3元/株	180			
施基肥	复合肥,每穴0.15kg,于苗木栽植时施入		3 450kg	3.4元/kg	11 730	0.3	34.5	1 725
造林时间、方法	2008年1月份 植苗造林穴植法(打紧、不窝根、高培土)					1.5	172.5	8 625
造林密度及株行距	初植密度200株/亩　株行距1.5m×2m							
混交方式、比例	杉木纯林,周界为木荷防火林带							
幼林抚育	2008年4月扩穴培土1次(70~80cm),8~9月全面锄草松土1次(深7 cm)					1.0	230	11 500
	第2年全面翻土1次,深20 cm,并劈除萌芽条					1.0	115	5 750
	第3年4~5月及8~9月全面锄草松土1次					1.0	230	11 500
追肥	离苗15~20cm上方每穴施碳酸氢铵0.1kg,并覆土		2 300kg	2元/kg	4 600	0.3	34.5	1 725
病虫害防治措施								
防火设施设计								
辅助工程								
林带宽度或行数	造林地边缘种6排木荷作防火林带							
其　　他								
合　　计					21 110		1 909	95 450

案例 5　南平市市郊林场杨真堂工区 19 大班 1(4) 小班造林作业设计

表 Ⅲ-5-4　造林作业设计平面图

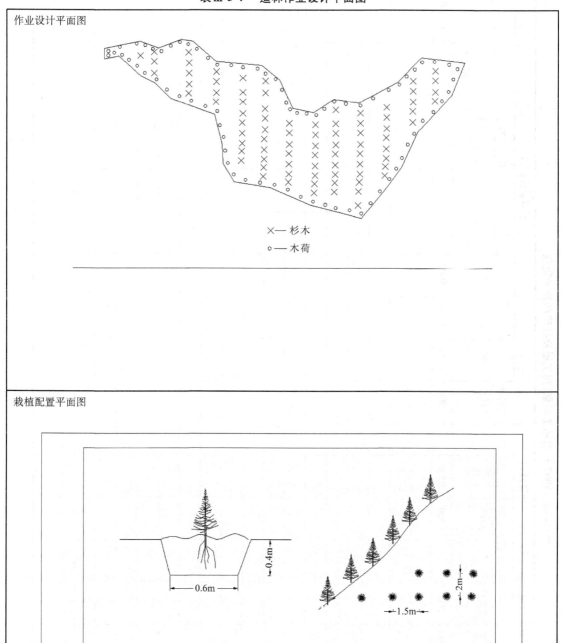

表Ⅲ-5-5　2007年造林工程量、用工量及投资概算一览表

统计单位	小班面积(hm²)	造林面积(hm²)	种苗(株或kg)		物资(kg)		用工量(日)	投资概算(元)								
			杉木苗	木荷苗	复合肥	碳酸氢铵		种苗	物资	劳力	其他					合计
											设计费	管理费	管护费	科研培训费	不可预见费	
市郊林场	7.67	7.67	23 000	600	3 450	2 300	1 909	4 780	16 330	95 450						116 560

案例5 南平市市郊林场杨真堂工区19大班1(4)小班造林作业设计

表Ⅲ-5-6 营造林作业设计一览表

实施单位：南平市郊 县(场） 杨真堂 乡(工区） 年度：2007年

实施单位	林班、大班或村民组	小班	小班面积(hm²)	权属	造林地类别	立地质量等级	营造林设计									抚育设计				种苗			用工量(工日)	投资量(元)
							林种	树种	营造方式	造林时间	初植密度(株/亩)	混交比例	整地方式	整地时间	整地规格(cm)	抚育次数(次)	抚育时间	施肥种类	施肥数量(kg)	需种量(kg)	需苗量(株)	苗木规格		
(1)	(2)	(3)	(4)	(5)	(6)	(7)	(8)	(9)	(10)	(11)	(12)	(13)	(14)	(15)	(16)	(17)	(18)	(19)	(20)	(21)	(22)	(23)	(24)	(25)
合计																								
杨真堂工区	19大班	1(4)小班	7.67	山权集体，经营权国有	采伐迹地	I	用材林	杉木	植苗穴植	2009年1月	200		块状整地	2008年秋季	60×40×40	前3年，每年1~2次	每年4~5月或8~9月	复合肥和碳铵	基肥0.15kg/穴，追肥0.1kg/穴		杉木23 000株，木荷600株	省定I级苗	1 909	116 560
……																								

注：此表以乡(工区)为单位，按村、林班或大班、村民组、小班、农户的顺序填写，保留小数点后一位数。

填表人：陈烽   填表日期：2007.11

案例6 山西林业职业技术学院东山实验林场流家河工区4林班26小班造林作业设计

一、实训目的及要求

山西林业职业技术学院(以下简称山西林职院)东山实验林场流家河工区40林班26、27小班造林作业设计综合实训使学生掌握作业区测绘、调查,造林作业设计内业资料整理,平面图、设计图绘制,造林作业技术设计,编制造林作业设计表和造林作业设计说明书等基本操作技能,进一步巩固理论知识,加强实践动手能力,培养学生分析、解决问题和独立思考能力。培养学生热爱专业、吃苦耐劳、关心集体、团队协作的良好职业道德。

二、实训仪器配备要求

以组为单位配备一套罗盘仪、视距尺、花杆、皮尺、钢卷尺、工具包、锄头、铲、镐、劈刀、各类调查记录表、造林作业设计表、绘图工具、方格纸、笔等。

三、实训步骤

(一)准备工作

1. 业务培训、人员组织

首先根据实训大纲要求制定计划,安排综合实训任务,进行实训动员和业务培训;并将林业技术5107班42名同学根据业务能力分成6个组,每组7个人,选出一个小组长,组内人员进行合理分工,并采用轮岗制进行综合实训全过程训练。

2. 选择造林作业区

选山西林职院东山实验林场流家河工区40大班,26、27宜林地小班。

3. 资料收集

调查前应以组为单位收集各类资料 山西林职院东山实验林场流家河工区1:10 000的地形图和林业基本图、山林定权图册、森林资源调查簿、森林资源建档变化登记表、调查设计记录用表、造林调查设计记录用表、林业生产作业定额参考表、各项工资标准、造林作业设计规程、造林技术规程等有关技术规程和管理办法等;造林作业区的气象、水文、土壤、植被等资料;造林作业区的劳力、土地、人口居民点分布、交通运输情况、农林业生产情况等资料。

(二)造林作业设计外业工作

1. 现场踏查

首先让同学分组对山西林职院东山实验林场流家河工区40大班,26、27小班进行现场踏查,让同学明确该作业区的范围、境界及面积;确定测量工作顺序、方法步骤和各作业小组分工;了解该作业区的地形、地势、山脉、河流、道路、地类、土壤、植被等自然情况;了解该作业区乡土树种的造林技术与经验。

2. 造林作业区面积测量

①方法 罗盘仪闭合导线跳站法测量。要求对作业区面积用罗盘仪实测;

②闭合差 境界线闭合差≤1/100;

③现场勾绘 测量过程中,明显地物、地貌应勾绘,并尽量做到现场成图。绘图比例尺1/2 000～1/5 000;

④规范记录 罗盘仪测量记录应规范。

3. 造林作业区调查

充分利用现有资料,并采取路线调查和抽样调查相结合方法,对山西林职院东山实验林场流家河工区 40 大班,26、27 小班进行位置、作业区立地特征、植被、社会经济情况全面调查,认真记录造林作业区现状调查表。

(三)造林作业内业工作

1. 图面材料绘制

①造林作业区实测平面图的绘制(以组为单位绘制 1 份)。

②造林作业区造林作业设计图绘制(以组为单位绘制 1 份)。

2. 造林作业技术设计

以个人为单位,要求同学运用森林营造技术的理论知识,按照《造林技术规程》(GB/T 15776—2006)、行业标准《造林作业设计规程》(LY/T 1607—2003),结合造林作业区(山西林职院东山实验林场流家河工区 40 大班,26、27 小班)测量、调查的基本情况,进行该作业区的造林设计、幼林抚育设计、辅助工程设计、种苗需求量计算、工程量统计、用工量测算、施工进度安排、经费预算等造林设计工作,并编制各类造林作业设计表,编写造林作业设计说明书。

3. 造林作业设计说明书编写

以山西林职院东山实验林场流家河工区 40 大班,26、27 小班为单位编写年度造林作业设计说明书,包括前言、造林作业区概况、作业区立地条件类型划分、造林作业技术设计、用工投资概算、小结(每人提交 1 份)。

山西林职院东山实验林场流家河工区 40 大班,26 小班造林作业设计说明书

森林营造是森林经营活动的主要组成部分,是森林培育不可缺少的基础环节,在扩大森林资源、提高森林质量、加强生态环境建设和保护等方面发挥着关键作用。为了保证造林质量,提高造林成效,扩大森林资源面积,改善生态环境,使造林经营建立在科学的基础上,必须在造林前进行造林作业设计。

为了巩固森林营造理论知识,培养学生独立分析、解决林业生产实际问题能力,根据本

课程实践教学大纲要求,并结合林业生产实际,安排造林作业设计综合实训项目,让学生掌握造林作业区选择、作业区测绘和调查、造林作业设计、造林作业设计成果编制、造林施工的基本技能,提高同学实践动手能力,为顶岗实习奠定基础。

本次综合实训从2007年11月12日到11月16日历时5d,由张金荣副教授进行技术指导,学生每7人划分一个实习组,对一个具体造林作业区进行全过程的造林作业设计实践。具体安排为:11月12日进行工具仪器材料准备和技术培训;11月13日进行造林作业区的外业调查、测绘工作;11月14~16日进行造林作业设计的内业工作:包括内业资料统计整理、图面材料绘制、面积求算、造林作业技术设计、编制造林作业设计成果等。

一、造林作业区概况

(一)地理位置

山西林职院东山实验林场建于1965年,场址几经搬迁,现设在迎泽区郝庄镇张家河村。位于太原市东山郊区,离市区40km。属于太行山的舟山北端;地理坐标为东经112°41′15″~112°48′45″,北纬37°51′00″~38°00′10″;全场南北长17km,东西宽7.5km,区域面积8 679hm²,经营面积5 967hm²。场部位于寿阳到太原的主干道上,交通十分便利。

(二)地形、地势

林场境内群山起伏,层峦叠嶂,山脉由东北向西南延伸,东北高,西南低,海拔高度多数为1 200~1 700m,坡度多在15°~45°之间。山西林职院东山实验林场流家河工区40林班,26小班海拔1 582m,坡度28°,半阴坡。

(三)气候、水文

山西林职院东山实验林场属于温带半干旱气候,年平均气温10.1℃,最高月平均气温23.8℃,最低月平均气温-6.3℃,≥10℃积温3 480℃左右。年日照2 775h,年降水量为462mm,雨季多集中在7、8、9三个月,无霜期为173d左右。

(四)土壤

地质特征是:有中度切割的土石山组成,以黄土母质为主,约占79%,其次为碳酸岩、砂页岩、石灰岩和红黄土母质组成。土壤多为褐土;林业用地薄、中、厚面积比为3.8:3.1:3.1,有林地立地条件Ⅰ、Ⅱ、Ⅲ级面积之比为4.7:3.7:1.6。山西林职院东山实验林场流家河工区40林班,26小班母岩为砂页岩,淋溶褐土。土层厚度50cm,腐殖质层厚度10 cm,土壤质地砂壤,pH值6.6。

(五)植被

植被为黄刺玫、绣线菊、沙棘、胡枝子、山菊、苔草、禾本科草、蒿类等。灌木层盖度50%,草本层盖度50%。

综上所述,山西林职院东山实验林场自然条件一般,气候温和,雨量中等,土壤干旱,肥力中等偏下,适宜培育油松。经调查分析得知,东山实验林场流家河工区40林班,26小班面积30亩，立地质量等级评价为Ⅱ级，适宜营造油松生态公益林。

（六）社会经济情况

林场核定编制为30人，现有在职职工21人，离退休10人；在职职工中工程师4名，助理工程师3名，技术员2名，初级技工3名。林场现有固定资产57万元；现场部办公用房面积720m²；其他用房面积982m²。实现了三通；有林道60km，汽车3辆，摩托车2辆。作为山西林职院的实习基地，山西林职院的教职员工是其林业生产的主要技术力量，这就为林场的科学生产经营提供了技术的保证。

二、立地条件类型划分

立地条件类型划分是造林规划设计、造林调查设计和造林作业设计的基础工作。要做到因地制宜、正确选择树种、设计科学的营造林技术措施，首先应充分了解造林地特性和树种特性。本次综合实训，以组为单位，对山西林职院东山实验林场流家河工区40林班，26小班首先进行地形、土壤、植被等立地因子调查，根据二类调查的森林资源调查簿、作业区路线调查和4个土壤全剖面、10个样方的补充调查，进行资料整理分析，并按《山西省森林立地分类系统》标准进行该作业区立地类型划分和立地质量评价。具体划分结果为：温带半干旱气候，石质山土石山区条件；立地条件类型为：土石山、中部斜坡、半阴坡、山地、中土层、淋溶褐土。山西林职院东山实验林场流家河工区40林班，26小班立地质量等级评价为中级（Ⅱ）。

三、造林技术设计

（一）造林设计

1. 林种、树种的选择

山西林职院东山实验林场是太原市重点生态公益林建设区域，根据"因地制宜、地尽其力、合理利用土地资源"的原则，根据东山实验林场的自然条件和社会经济特点，山西林职院东山实验林场流家河工区40大班，26、27小班林种设计为生态林。遵循满足造林目的要求、适地适树原则选择造林树种，该作业区目的树种选择为油松。

2. 苗木准备

选用山西省乌城林场油松种子园的良种进行苗木培育，育苗按照国家标准和山西省育苗技术规程进行科学育苗。造林用油松苗选用2年生、地径≥0.4cm、苗高≥15cm、根系长度≥20cm、>5cm长Ⅰ级侧根数≥7根的Ⅰ级壮苗；或地径≥0.35cm、苗高≥12cm、根系长度≥20cm、>5cm长Ⅰ级侧根数≥5根的Ⅱ级苗；从起苗到栽植全过程中，应注意保护苗木，避免损伤和苗木水分损失，适当修剪苗木根系，并进行根系蘸泥浆处理。本作业区共需油松Ⅰ、Ⅱ级壮苗10 260株，其中26小班需要3 600株，27小班需6 660株。

3. 造林地清理和整地

因为该作业区植被茂密，灌木和草本盖度较大，高度较高，为便于整地和栽植作业，设计劈草炼山清理，时间为2007年7~8月。炼山前应开好防火路，并选择无风、阴天的清晨或傍晚烧炼。炼山后应清杂，烧堆或剩余物堆烧。因该作业区坡度达28°，为保持水土设块状整地，采用块状整地，于造林前 3~6 个月进行，穴规格 30cm×30cm×30cm，做到挖明穴、回表土，穴面略向里倾斜。

4. 栽植配置

该作业区营造油松纯林。造林密度设计以立地条件、树种特性、造林目的、造林技术、经营条件等为依据，油松喜光，自然整枝能力弱，生长速度中等。因此，造林密度初植密度可设计为每亩 118 株，株行距 2m×3m，采取三角形配置，行带沿山地等高线方向设置。

5. 造林季节与造林方法

造林时间定于 2008 年 3 月份进行。

造林方法采用植苗造林穴植法。造林时应做到：随起苗、随栽植；靠壁栽植，根紧贴穴边，用表土分次由外向内砸实，或穴中心栽植，分层次砸实，使根系舒展，栽植深略高于原土印 1cm，上覆虚土。

(二) 幼林抚育设计

第一年 2 次，第一次 6~7 月，第二次 8 月。第二年 2 次，第一次 5~6 月，第二次 7~8 月。第三年 1 次，7~8 月。

松土、除草、扒淤、扶苗、整穴、折灌。

(三) 种苗需求量计算

根据该作业区油松初植密度设计和小班造林面积，可计算出该作业区需要油松 I 级壮苗：26 小班，3 600 株，27 小班需 6 660 株，种苗来源和苗木具体标准详见苗木准备部分。

(四) 工程量、用工量和投资概算

根据造林作业设计中各造林和营林工序的劳动定额（参考山西省国有林业单位现行劳动定额），概算营造林工程量，包括林地清理、整地挖穴、施基肥、造林栽植、幼林抚育、追肥的工程量，肥料、农药等造林所需物资数量，相应物资、材料的需求量等；并根据造林地面积、造林作业工程数量及其相关的劳动定额，计算用工量，结合施工安排测算所需人员与劳力；根据用工量和日工资测算造林作业各工序投资额。经概算得知：山西林职院东山实验林场流家河工区 40 大班，26 小班营造生态林需投工 243 个工，用工投资 12 150 元；肥料费投资 2 513 元；种苗费投资 450 元。详见表 Ⅲ-6-3：造林作业设计表，表 Ⅲ-6-5：2008 年造林工程量、用工量及投资概算一览表。

(五) 施工进度安排

根据季节、种苗、劳力、组织状况做出施工进度安排，详见说明书和表 Ⅲ-6-3。

(六) 经费预算

分苗木、物资、劳力和其他 4 大类计算。种苗费用按需苗量、苗木市场价、运输费用测算。物资、劳力以当地市场平均价计算。计算表详见表 Ⅲ-6-3、表 Ⅲ-6-5。

四、造林作业设计图和设计表

各造林作业设计详见附表 Ⅲ-6-1 至表 Ⅲ-6-6。

案例6 山西林业职业技术学院东山实验林场流家河工区4林班26小班造林作业设计

表Ⅲ-6-1 造林作业区现状调查表（正面）

编号：		日期：2006年11月13日	调查者：张强	
位置： 太原 （市区） 市郊 乡(镇场) 流家河 村(工区) 40 林班 大班(小班)26、27				
地形图图幅号：		比例尺：1:100 000	千米网范围： 东 西 南 北	
作业区面积：	2hm²（精确到0.01），相当于 30 亩（精确到0.1）			
地貌类型：	√(1)中山 (2)低山 (3)高丘 (4)低丘 (5)台地 (6)平原 (7)其他（具体说明）			
海拔： 1 582m		坡度：29°	坡向：半阴坡	坡位：中	立地质量等级：Ⅱ
地类：(1)宜林荒山荒地 √ (2)采伐迹地 (3)火烧迹地 (4)宜林沙荒地 (5)可封育成林的荒山荒地 (6)林中林缘空地 (7)暂未利用的荒山荒地 (8)疏林地 (9)低质低效林林地 (10)其他(沼泽地、滩涂、农地等或具体说明)				
母岩类型：(1)流纹岩 (2)花岗岩 (3)片麻岩 (4)粗面岩 (5)正长岩 (6)安山岩 (7)闪长岩 (8)玄武岩 (9)辉绿岩 (10)辉长岩 (11)泥质岩 (12)页岩 √ (13)板岩 (14)千枚岩 (15)片岩 (16)凝灰岩 (17)砂岩 √ (18)砾岩 (19)角砾岩 (20)石英岩 (21)石灰岩 (22)大理石 (23)第四纪红色或黄色黏土类				
土壤名称：山地褐土		土层厚度(cm)：20~50	腐殖层土层(cm)：13	
石砾含量(%)：	pH值：6.8	质地：①砂土 ②砂壤土√ ③轻壤土 ④中壤土 ⑤重壤土 ⑥黏土		
植被类型：灌草 总盖度(%)：0.9		盖度(%)：乔木层 灌木层 50 草本层 50		
		高度(cm)：乔木层 灌木层 150 草本层 45		
需要保护的对象：				
前茬树种、生长状况及拟营造树种选择建议：有部分沙棘灌木，因此土壤肥中等，立地条件一般，拟营造油松纯林				
备注： 评价(立地条件好坏、利用现状、造林难易程度、有无水土流失风险、有无需要保护的对象、权属是否清楚、交通是否方便、光照、湿度、风害、寒害、适宜的树种、整地方式、栽植配置等)				

表Ⅲ-6-2　造林作业区现状调查表（反面）

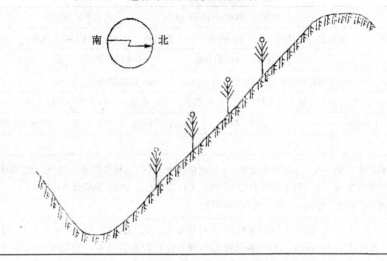

品字形排列

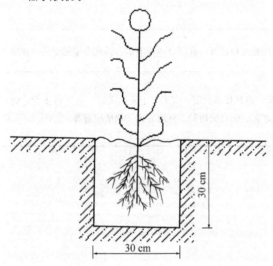

案例 6 山西林业职业技术学院东山实验林场流家河工区 4 林班 26 小班造林作业设计

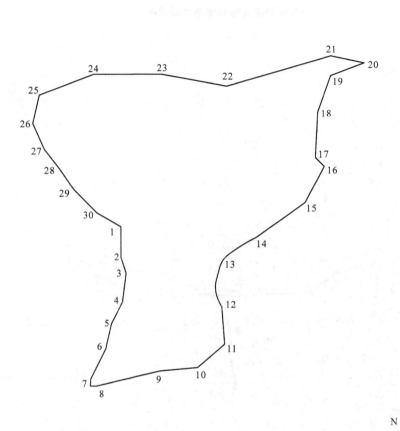

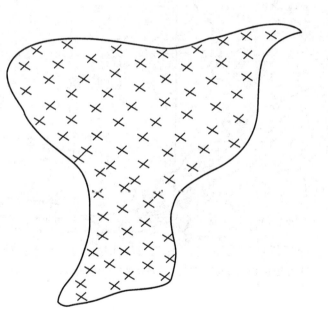

× —— 油松

山西林职院实验林场造林设计图

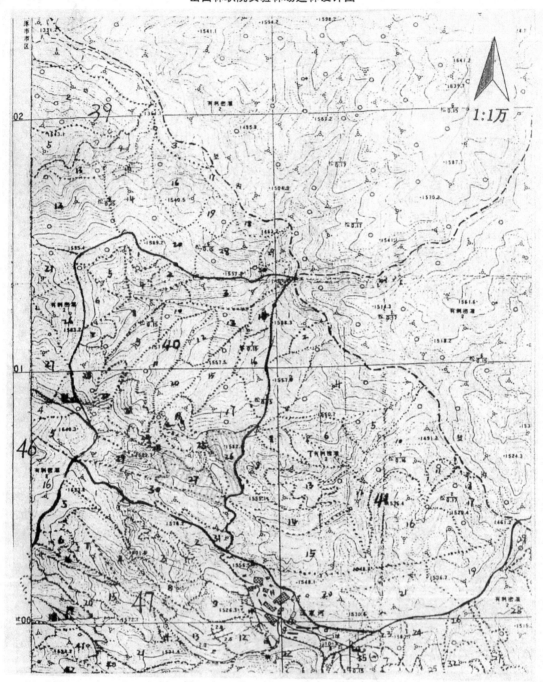

填表说明：造林作业区立地特征中地貌类型、地类、母岩、土壤质地等项用选择法填写，选择其一，将前面的号码涂黑。其他各项填写实际数。

案例6 山西林业职业技术学院东山实验林场流家河工区4林班26小班造林作业设计

表Ⅲ-6-3 造林作业设计表

编号： 山西林职院东山实验林场 乡(镇、场) 流家河 村(工区) 40 林班 大班(小班) 26
地名： 占道 小班面积： 30亩 造林面积： 30亩 培育目标： 大径材 林种： 生态林 树种： 油松
更新改造方式： 人工更新 山权： 林场 经营权： 国有 设计单位： 山西东山实验林场
资质：＿＿＿ 设计负责人： 贾英明 职称： 工程师 作业设计参加人员： 李鸿、任爱林 工日单价：50元/天

内容	设计要求(年度、季节、次数方式、规格等)	物资量				用工量		
		定额	数量	单位价格	投资额(元)	定额(工日/亩)	数量	投资额(元)
林地清理	2007年7~8月,劈草、炼山、清杂					1.5	45	2 250
整地与挖穴	2007年秋季挖穴规格30cm×30cm×30cm					2.0	60	3 000
种苗	乌城林场优良油松种源,2年生,Ⅰ、Ⅱ级壮苗		3 600株	0.125元/株	450			
施基肥	复合肥,每穴0.15kg,于苗木栽植时施入		531kg	3.4元/kg	1 805	0.3	9	450
造林时间、方法	2008年4月份 植苗造林穴植法(打紧、不窝根、高培土)					1.5	45	2 250
造林密度及株行距	初植密度118株/亩 株距2m,行距3m							
混交方式、比例	油松纯林							
幼林抚育	2008年6月扩穴培土1次,8月全面锄草松土1次(深7 cm)					1.0	30	1 500
	2009年5~6月松土1次,深15 cm;7~8月松土除草1次					1.0	30	1 500
	2010年7~8月全面锄草松土1次					0.5	15	750
追肥	离苗15~20cm上方每穴施碳酸氢铵0.1kg,并覆土		354kg	2元/kg	708	0.3	9	450
病虫害防治措施								
防火设施设计								
辅助工程								
林带宽度或行数								
其 他								
合 计					2 963		243	12 150

表Ⅲ-6-4　2007年造林工程量、用工量及投资概算一览表

统计单位	小班面积(hm²)	造林面积(hm²)	种苗(株或kg)	物资(kg)		用工量(日)	投资概算(元)								
			油松苗	复合肥	碳酸氢铵		种苗	物资	劳力	其他					合计
										设计费	管理费	管护费	科研培训费	不可预见费	
实验林场	2	2	3 600	531	354	243	450	2 513	12 150						15 113

案例6 山西林业职业技术学院东山实验林场流家河工区4林班26小班造林作业设计

表Ⅲ-6-5 营造林作业设计一览表

实施单位：___南平市郊___县(场) ___流家河___乡(工区)　　　年度：2007年

实施单位	林班、大班或村民组	小班	小班面积(hm²)	权属	造林地类别	立地质量等级	营造林设计									抚育设计				种苗			用工量(工日)	投资量(元)
							林种	树种	营造方式	营造林时间	初植密度(株/亩)	混交比例	整地方式	整地时间	整地规格(cm)	抚育次数(次)	抚育时间	施肥种类	施肥数量(kg)	需种量(kg)	需苗量(株)	苗木规格		
(1)	(2)	(3)	(4)	(5)	(6)	(7)	(8)	(9)	(10)	(11)	(12)	(13)	(14)	(15)	(16)	(17)	(18)	(19)	(20)	(21)	(22)	(23)	(24)	(25)
合计																								
流家河工区	40林班	26小班	2	山权集体，经营权国有	荒山宜林地	Ⅱ	生态林	油松	植苗穴植	2008年4月	118		块状整地	2008年秋季	30×30×30	前3年，每年1~2次	每年6~7月或8~9月	复合肥和碳铵	基肥0.15kg/穴，追肥0.1kg/穴		3 600株	省定Ⅰ级苗	243	15 113
……																								

注：此表以乡(工区)为单位,按村、林班或大班、小班、农户的顺序填写,保留小数点后一位数。

填表人：张强　　　填表日期：2007.11

表Ⅲ-6-6 亚区石质山土石山主要立地因子与造林树种、设计图式对照表

1. 山坡

	海拔高（m）	坡度	土壤厚度	林种	造林用树	设计图编号	备注
阴坡	2 000 以上	35°以下	中厚	用材林	白桦、红桦	1	
	1 700 以上	35°以下	中厚	用材林	华北落叶松、云杉、桦木	2	
		35°以下	中厚	用材林	辽东栎	8	
	1 200～1 700	35°以下	中厚	用材林	华北落叶松、五角枫、椴	2、3	
		35°以下	中厚	用材林	油松、辽东栎	6、7	
		36°～45°	中薄	防护林	油松	4	
		35°以下	中厚	用材林	辽东栎	8	
		35°以下	中厚	用材林	五角枫、杜梨	10、14	
	1 200 以下	35°以下	中厚	用材林	臭椿、油松	15、6	
		45°以下	中薄	防护林	油松、侧柏	（4）（36）（9）	花椒 1 200m 以下
		45°以下	中薄	防护林	白皮松	38	
阳坡	1 900 以上	35°以下	中厚	用材林	华北落叶松、白桦	2	
	1 300～1 900	35°以下	中厚	用材林	油松、辽东栎	5、7	
		36°～45°	中	防护林	油松	4	
		45°以下	薄	防护林	杜松	9	
		45°以下	薄	防护林 经济林	山杏	13	
	1 300 以下	35°以下	中厚	用材林	油松	（5）	
		45°以下	中薄	防护林	油松、侧柏	36	
		45°以下	中薄	防护林	侧柏	37	
		45°以下	中薄	防护林	白皮松	38	
		35°以下	中厚	用材林	臭椿	15	
		25°以下	薄中	经济林	山桃、花椒	41、53	

案例7　辽宁省海阳林场2008年抚育间伐作业设计

辽宁省海阳林场2008年抚育间伐作业设计说明书

根据辽宁省林业厅文件《关于下达2008年木材生产计划的通知》(辽林字[2008]1号)，及厅办公室下达的《关于下达2008年木材生产补充计划的通知》(辽林办字[2008]76)精神，以及海阳林场的具体情况，做出2008年度森林经营作业设计。

一、海阳林场基本情况

辽宁林业职业技术学院海阳实验林场位于抚顺市清原满族自治县的西南部，林场系长白山系龙岗山北坡，林地较为分散，从东南向西北呈狭长的弯状，长约43km。林场内土壤有棕色森林土、暗棕色森林土、草甸土和沼泽四类。地表层腐殖质含量高，为团粒状结构，含有多种营养元素，通透性良好，肥力较高，适于树木生长。

该地区属温带湿润季风气候，大陆性气候特征明显，四季分明。年平均气温6~9℃，年极端最低气温-37℃，年极端最高气温36.5℃，≥10℃的有效年积温为2 476.4℃，全年日照时数2 436.9h，无霜期125~136d，年平均降水量1 562mm，主要风向为西南风，平均风速2.3m/s。本区气候适宜多种林木生长，植被主要以次生林栎类、杨、桦等和红松、落叶松、油松、樟子松等人工林为主；灌木主要有胡枝子、榛子和柳灌丛等，草本植物有蕨类等，藤本植物主要有东北猕猴桃和北五味子等。

海阳林场总面积为4 046hm²(60 690亩)，有林地面积3 390hm²(50 850亩)，森林覆盖率达83.8%。其中，天然林18 638亩，占林场总面积的30.7%；人工林32 212亩，占林场总面积的53.1%；疏林地337亩，占0.5%；采伐迹地463亩，占0.8%。苗圃地45亩，占林业用地的0.1%；其他用地8 998亩，占14.8%。

海阳林场以往各年生产作业任务完成情况良好。2006年完成采伐任务3 927m³，完成造林任务30hm²，完成幼林抚育任务40hm²，完成抚育间伐作业任务20hm²。2007年完成采伐任务3 005m³，完成造林任务30hm²，完成幼林抚育任务30hm²，完成抚育间伐作业任务20hm²。

二、作业设计执行标准

本次抚育间伐作业设计根据DB—20—021—96《森林培育技术规程》的要求执行(注：D—地方，B—标准，20—021序号，021—02年1月，96—96号)。

作业经营小班面积采用罗盘仪闭合导线测量，电子求积仪求算面积，误差小于1/100，在作业经营小班内20m×10m的标准地，闭合差1/200，在标准地内进行每木检尺，逐株分级，确定采伐木，每个径阶实测3株胸径和树高(平均胸径处实测5株胸径和树高)，求其各径阶胸径平均值和树高平均值，绘制树高曲线，用 $D = \sqrt{\dfrac{\sum d_i n_i}{N}}$（$D$——林木平均胸径，$d$——第 i 径阶平均胸径，n_i——第 i 径阶株数，N——所测定林木总株数）公式求算林木平均直径，用林木平均直径在树高曲线图上查出林木平均高。使用一元材积表，查出每木材积，使用伐倒木法逐径阶造材，使用国家标准《原木材积表》查出造材原木材积求出材率，使用出材率×采伐量＝出材量。用标准地数据推算小班数据。

三、作业设计情况

本次森林抚育间伐作业设计施工进行 18 个小班，作业设计类型有：透光抚育、生长抚育、二次渐伐、小面积皆伐（表Ⅲ-7-1）。

本次总作业施工面积为 42.5hm²。其中透光抚育的作业面积为 5.8hm²，占总面积的 13.6%；生长抚育的作业面积为 31.6hm²，占总面积的 74.4%；二次渐伐的作业面积为 4.2hm²，占总面积的 9.9%、小面积皆伐的作业面积为 0.9hm²，占总面积的 2.1%。

本次总作业采伐蓄积为 10 386.2m³。其中透光抚育的作业蓄积为 572.6m³，占总采伐蓄积的 5.5%；生长抚育的作业蓄积为 7 144.9m³，占总采伐蓄积的 68.8%；二次渐伐的作业蓄积为 2 194.3m³，占总采伐蓄积的 21.1%、小面积皆伐的作业蓄积为 474.4m³，占总采伐蓄积的 4.6%。

本次总出材量为 2 494.9m³。其中透光抚育出材量为 14.3m³，占总出材量的 0.6%；生长抚育出材量为 1 039.1m³，占总出材量的 41.6%；二次渐伐出材量为 1 103.1m³，占总出材量的 44.2%；小面积皆伐出材量为 338.4m³，占总出材量的 13.6%。

四、技术要求

(1) 采伐技术

注意降低伐根，控制树倒方向，用两锯法或两锯以上法伐木。伐前注意清除灌木杂草、割断树冠间的藤本植物，疏通采伐安全通道。

(2) 保护幼树技术要求

注意保护幼树，采伐时树倒方向应避开原有和更新的幼树，集材时集材路线应避开原有和更新的幼树，最大限度地保护幼树。

(3) 造林技术

本次采用的是植苗造林。是以苗木为造林材料进行栽植的造林方法。

(4) 清理迹地技术

本次采用的是运出和堆积法处理。

(5) 造材技术

长材不短用，优材不劣造；先造优质材，后造劣质材，先造经济价值高的材，后造经济价值低的材，先造直材，后造弯材（取直去弯），先造大径材，后造小径材。

(6) 造林整地技术

本次采用团状整地与带状整地结合的办法。

(7) 幼抚技术

造林后第一年要进行 3 次幼抚，分别在 6、7、8 的 3 个月内进行；造林后的第二年也进行3次幼抚，分别在5、6、7的3个月内进行；造林后的第三年再进行2次幼抚，分别在5、7两个月内进行。即通常所说的332幼抚。

(8) 其他措施

保护林内卫生状况，清除有传染性病害的枝条和采伐剩余物。

五、作业设施设计

本次作业施工需要加宽从北岭到场部贮木场的道路5km，平均加宽1m，用工时10个，每工时30.00元，人工费为300.00元，砂石料50m³，每立方米砂石料及运费为100.00元，砂石料及运费为5 000.00元；修缮北沟到场部贮木场1km，用工时2个，每工时30.00元，人工费为60.00元，砂石料4m³，每立方米砂石料及运费为100.00元，砂石料及运费为400.00元；修缮于家堡子到场部贮木场2km，用工时2个，每工时30.00元，人工费为60.00元，砂石料8m³，每立方米砂石料及运费为100.00元，砂石料及运费为800.00元；修北岭临时楞场2 000m²，每亩地200.00元，需600.00元，用工时2个，每工时30.00元，人工费为60.00元；四洞房和北沟有林场原临时楞场不需要增设；新建北岭临时工棚30m²，用工时10个，每工时30.00元，人工费为300.00元；其他材料费3000.00元；维修四洞房原工棚，用工时2个，每工时30.00元，人工费为60.00元；其他材料费200.00元。以上施工要在2007年11月20日前完成(表Ⅲ-7-2)。

六、收支概算

对作业设计要作经济核算，具体见表Ⅲ-7-3。

1. 收入部分

本次抚育间伐总收入预计为620 800.00元，其中檩材收入为31 614.90元，占总收入的5.1%；椽材收入为63 849.70元，占总收入的10.3%；加工原木收入为18 126.30元，占总收入的2.9%；交手杆收入为362 623.30元，占总收入的58.4%；小原木收入为143 685.80元，占总收入的23.2%；薪柴900.00元，占总收入的0.1%。

2. 支出部分

本次抚育间伐总支出需112 935.00元，其中采伐工资需20 700.00元(用工量254个，每人每天50元，共12 700.00元其他附加工资8 000.00元)，占总支出18.3%；作业设施费用需投入资金10 840.00元，占总支出9.6%；物资材料费需投入资金6 000.00元，占总支出5.3%；管理费需投入资金9 000.00元，占总支出8.0%；运杂费需投入资金35 400.00元，占总支出31.4%；需上交各种税费资金为30 995.00元，占总支出27.4%。间伐1m³木材的成本为182.19元。

分析：如果2008年木材市场的价格变化不大，人工费用、运输车辆等杂费变化也不大。本次抚育间伐总收入预计可达到620 800.00元，总支出费用需为112 935.00元，纯利润可达到507 865.00元，平均每立方米木材盈利819.27元。

辽宁林业职业技术学院海阳林场
执笔人：李大林
日期：2007年11月8日

表 Ⅲ-7-1　抚育采伐作业区一览表

地点	林班号	小班号	小班面积/作业面积 (hm²)	伐前林分情况 林龄(年)	林木组成	株数(株/hm²)	平均胸径(cm)	平均树高(m)	蓄积量(m³/hm²)	郁闭度	间伐情况 间伐方法	间伐株数(株/hm²)	间伐蓄积(m³/hm²)	间伐强度(%) 株数	间伐强度(%) 蓄积	出材量(m³/hm²)	间伐后 林龄(年)	林木组成	株数(株/hm²)	平均胸径(cm)	平均树高(m)	蓄积量(m³/hm²)	郁闭度
断情崖	1	1	2.2/2.2	15	10樟	1550	12.8	10.9	133.7	0.7	人工林透光抚育	300	14.0	19.0	10.0	5.3	15	10樟	1250	14.5	12.0	119.7	0.6
断情崖	1	2	5.2/5.2	20	10樟	2250	12.9	10.3	116.1	0.7	人工林透光抚育	150	5.6	6.6	4.8	2.3	20	10樟	2100	13.2	10.5	110.5	0.5
断情崖	1	13	2.2/0.8	22	10落	1110	13.6	14.0	116.1	0.7	人工林生长抚育	150	5.8	13.5	5.0	3.4	22	10落	960	14.8	14.7	110.3	0.5
食堂沟	2	4	1.9/1.9	27	10落	1450	14.8	14.2	211.0	0.7	人工林生长抚育	250	9.3	17.2	4.4	6.6	27	10落	1200	16.2	15.1	201.7	0.5
西山	2	9	2.9/1.5	22	10落	1500	13.8	12.7	147.6	0.7	人工林生长抚育	350	13.3	23.3	9.0	6.5	22	10落	1150	14.6	13.2	134.3	0.5
荒地	2	12	0.6/0.6	18	10落	2050	9.9	11.2	92.1	0.9	人工林透光抚育	500	9.8	24.4	10.6	3.8	18	10落	1550	10.7	11.6	82.3	0.6
北叉沟	3	5	1.1/1.0	25	10樟	1200	15.9	11.4	152.4	0.7	人工林生长抚育	100	6.3	8.3	4.1	3.0	25	10樟	1100	16.3	11.5	146.1	0.6
东山顶	3	10	3.5/3.5	32	7柞3落	700	22.4	18.2	189.0	0.8	天然林生长抚育	200	79.6	28.6	42.1	44.6	32	6柞4落	500	20.3	17.2	109.4	0.6

（续）

地点	林班号	小班号	小班面积(hm²)/作业面积(hm²)	伐前林分情况 林龄(年)	林木组成	株数(株/hm²)	平均胸径(cm)	平均树高(m)	蓄积量(m³/hm²)	郁闭度	间伐情况 间伐方法	间伐株数(株/hm²)	间伐蓄积(m³/hm²)	间伐强度(%) 株数	间伐强度(%) 蓄积	出材量(m³/hm²)	间伐后 林龄(年)	林木组成	株数(株/hm²)	平均胸径(cm)	平均树高(m)	蓄积量(m³/hm²)	郁闭度
南坡	3	26	2.9/2.0	47	10红	1 000	18.3	11.2	219.4	0.7	人工林生长抚育	250	16.9	25.0	7.7	6.5	47	10红	750	21.0	12.0	202.5	0.5
东坡	3	27	4.2/2.7	40	10落	950	21.6	19.5	297.4	0.7	人工林生长抚育	150	26.6	15.8	8.9	19.3	40	10落	800	22.0	20.1	270.8	0.5
四洞房	4	12	8.8/3.9	36	10落	1 850	13.8	12.5	182.7	0.8	人工林生长抚育	450	21.1	24.3	11.5	15.4	36	10落	1 400	14.2	12.8	161.6	0.5
四洞房	4	13	2.0/0.5	22	10樟	1 800	14.4	13.2	181.6	0.7	人工林生长抚育	250	14.7	13.9	8.1	5.4	22	10樟	1 550	14.8	13.4	166.9	0.6
四洞房	4	20	1.3/1.3	34	10落	1 050	24.1	21.8	446.3	0.7	人工林生长抚育	100	24.4	9.5	5.4	23.4	34	10落	950	24.6	21.9	421.9	0.6
人工林透光抚育			8.0/8.0																				
人工林生长抚育			30.8/19.8																				

表Ⅲ-7-2 作业设施一览表

项目	位置或起止点	新修	补修	规格	数量	控制量 容纳人数(人)	控制量 吸引木材量(m³)	用工量(工日)	造价 单价(元)	造价 合计(元)	完成期限	说明
修路	北岭—场部		加宽	1m	5km		64.6	10	100.00	5 300.00	2007.11.20	其中人工费300.00元
修路	北沟—场部		修补		1 km		433.9	2	100.00	460.00	2007.11.20	其中人工费60.00元
修路	于家堡—场部		修补		2 km		121.4	2	100.00	860.00	2007.11.20	其中人工费60.00元
修路					8 km		619.9	14		6 620.00		其中人工费420.00元
楞场	北岭临时楞场	新修		约3亩	1处	2		2	200.00	660.00		其中人工费60.00元
工棚	北岭临时工棚	新修		30 m²	1处	6		10	100.00	3 300.00		其中人工费300.00元
工棚				40 m²	1处	6		2	5.00	260.00		其中人工费60.00元
修路	四洞房工棚		维修		8 km		619.9	14		6 620.00		其中人工费420.00元
楞场				3 亩	1处	12		2	200.00	660.00		其中人工费60.00元
工棚				70 m²	2处	12	619.9	12		3 560.00		其中人工费360.00元
总计								28		10 840.00		其中人工费840.00元

制表:李大林　　　　审核:刘林　　　　日期:2007年11月6日

表Ⅲ-7-3 收支概算表

收入(元)			支出(元)							成本		盈亏情况(元)
间伐材	薪材	合计	工资 基本工资	工资 附加工资	工资 合计	作业设施费用	物资材料费	管理费	运杂费	税费	作业费合计	单位成本(元/m³)	合计(元)	
619 900.00	900.00	620 800.00	12 700.00	8 000.00	20 700.00	10 840.00	6 000.00	9 000.00	35 400.00	30 995.00	112 935.00	182.19	112 935.00	507 865.00

制表:李大林　　　　审核:刘林　　　　2007年11月6日

表Ⅲ-7-4 经营作业设计

标准地调查簿

清源县(市、区) 南口前乡(镇) 海洋林场(村) 小地名 东山顶海洋 工区 3 林班 10 小班051—1 号标准地
林地所有权：国有 林木所有权：国有 地类：有林地 森林类别：公益林 林种：防护林 亚林种：水土保持林
优势树种：辽东栎 经营类型：天然防护林 经营措施类型：天然林生长抚育 标准地面积：0.02hm² 小班作业面积：3.5hm² 小班面积：3.5hm² 地位级：Ⅲ 地形地势：海拔345m 坡度29° 坡向 西北 坡位 上坡 土壤名称：暗棕壤 土壤厚度：35 cm 土壤质地：中壤 土壤含石量：25% 下木名称：山里红、五味子 盖度：15% 地被物名称：羊胡子苔草 盖度：15%

林分因子调查整理表

林分起源	林龄 龄组	林相	林木组成	郁闭度	平均直径(cm)	平均树高(m)	株数(n) 每公顷	株数(n) 作业小班	蓄积量(m³) 每公顷	蓄积量(m³) 作业小班	采伐强度(%) 株数	采伐强度(%) 蓄积	采伐量 株数(株)	采伐量 蓄积(m³)	总出材率(%)	总出材量(m³)
采伐前	天然实生 32 中	单层林	7栎3落	0.8	22.4	18.2	700	2 450	189.0	661.5						
采伐后	保留木	天然实生 32 中	单层林	6栎4落	0.6	20.3	17.2	500	1 750	109.4	382.9	28.6	42.1	700	278.6	56.0	156.0
	砍伐木		32 中	单层林	10栎	0.2	27.0	19.3	200	700	79.6	278.6					

备注：

调查人：李秋萍、林顾世、李大林　　　　　记录人：王晓亮
整理人：李秋萍、王晓亮　　　　　　　　　检查人：林顾世　　　日期：2007年11月2日
说明：本表是森林经营作业调查所用。

表Ⅲ-7-5 小班边界罗盘仪测量记录表(外业用表)

　3　林班　　10　小班　　　　　　　　　　　　　　　　　　小组：051－1

测站	测点	磁方位角	倾斜角	斜距(m)	水平距(m)	备注
1	1～2	75°	16°	27.5	26.4	
2	2～3	119°	19°	73.0	69.0	
3	3～4	98°	26°	34.7	31.2	
4	4～5	89°	13.5°	56.8	55.2	
5	5～6	101°	14°	42.5	41.2	
6	6～7	91°	25°	29.0	26.3	
7	7～8	353°	－10°	23.5	23.1	
8	8～9	351°	－15°	34.3	33.3	
9	9～10	357°	－9°	39.0	38.5	

（续）

测 站	测 点	磁方位角	倾斜角	斜 距(m)	水平距(m)	备 注
10	10~11	354°	7.5°	28.3	28.1	
11	11~12	25°	6°	15.4	15.3	
12	12~13	20°	0.5°	20.1	20.1	
13	13~14	355°	2°	20.3	20.3	
14	14~15	338°	4°	10.5	10.5	
15	15~16	12°	7°	12.4	12.3	
16	16~17	28°	11°	12.2	12.0	
17	17~18	358°	16°	20.0	19.2	
18	18~19	238°	−21°	13.0	12.1	
19	19~20	230°	−31°	23.6	20.2	
20	20~21	230°	−20°	23.5	22.1	
21	21~22	248°	−20°	28.0	26.3	
22	22~23	259°	−20°	28.9	27.2	
23	23~24	217°	−11°	34.8	34.2	
24	24~25	209°	−9°	34.7	34.3	
25	25~26	211°	−9°	36.0	35.6	
26	26~27	244°	−8°	38.7	38.3	
27	27~28	227°	−6°	30.5	30.3	
28	28~1	221°	−1°	45.7	45.7	

测量人：林顾世、李大林
记录人：李秋萍　　　　　　　　　　　　　　　　　　　日期：2007 年 11 月 2 日
说明：本表是森林经营作业设计调查所用。

案例7 辽宁省海阳林场2008年抚育间伐作业设计

图Ⅲ-7-1 森林作业设计实测图

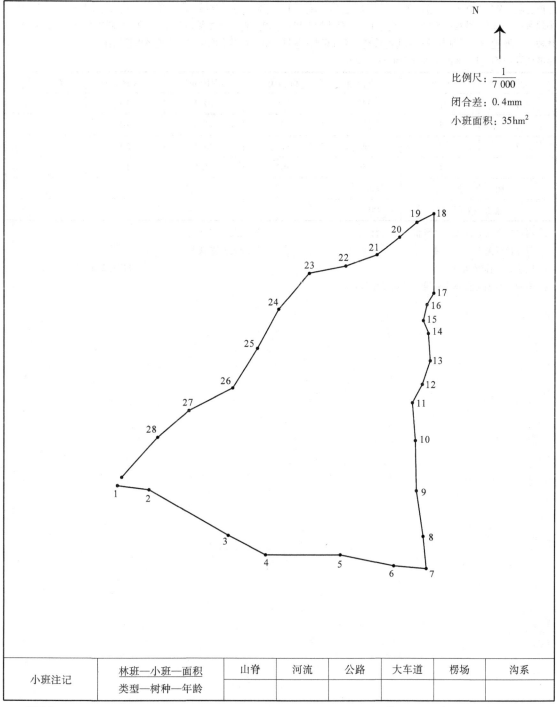

比例尺：$\dfrac{1}{7\,000}$

闭合差：0.4mm

小班面积：35hm²

小班注记	林班—小班—面积	山脊	河流	公路	大车道	楞场	沟系
	类型—树种—年龄						

测量人：　　　　　　　　　　　　　　　　　　　　　日期：　　年　　月　　日

绘图人：

说明：本表是森林经营作业调查所用。

表Ⅲ-7-6 标准地罗盘仪测量表

 清 源 县(市、区)   南口前 乡(镇)   海 洋 村   海 洋 林场 海 洋 工区 3 林班 10 小班
小地名:_____ 林地所有权: 国 有   林木所有权: 国 有   地类: 有林地   森林类别: 公 益 林
林种: 防 护 林   亚林种: 水土保持林   树种组成: 7栎3落   经营措施类型: 防护林生长抚育
标准地号: 051—1   标准地面积(hm²): 0.02

测站	测点	方位角	倾斜角	斜距(m)	水平距(m)	备 注
1	2	249°	10°	20.3	20	
2	3	339°	30°	11.5	10	
3	4	69°	11°	20.4	20	
4	1	159°	30°	11.5	10	
闭 合 差		0.1cm				
测量精度		1/600				

测量选点与立杆人: 林顾世、李大林　　　　　　拉尺人: 王晓亮
罗盘仪观测人: 李大林　　　　　　　　　　　　记录人: 李秋萍
检查人: 林顾世　　　　　　　　　　　　　　　日期: 2007年11月2日
说明: 本表是森林作业设计外业专用表。

图Ⅲ-7-2 森林作业设计实测图

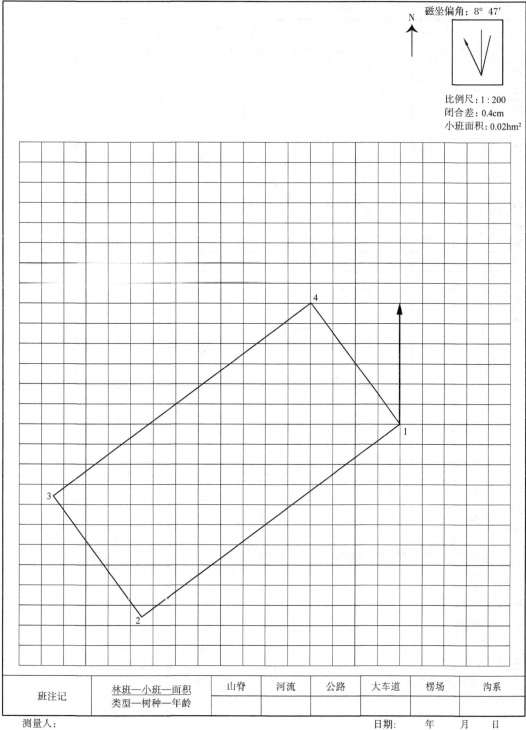

表Ⅲ-7-7 抚育间伐分级每木检尺表（外业用表）

<u>3</u> 林班　　<u>10</u> 小班：混交林用（采伐前状况）　　　　　　　　　　　　　　小组：051—1

径阶	优良木（培育木）				有益木（辅助木）				有害木（砍伐木）			
	黄波罗	辽东栎	糠椴	落叶松	黄波罗	辽东栎	糠椴	落叶松	黄波罗	辽东栎	糠椴	落叶松
10												
12	—0.0563		—0.0598									
14												
16											—0.1180	
18		—0.1551									—0.1551	
20				—0.2518		—0.1977						
22						⊤0.4916						
24				⊤0.6764		—0.2993						
26												
30											—0.4928	
32												
34												
36												
38											—0.8270	
株数	1	1	1	3		4					4	
密度（株/hm²）	50	50	50	150		200					200	
蓄积（m³）	0.0563	0.1551	0.0598	0.9282		0.9886					1.5929	
平均直径：22.4cm												
平均树高：18.2m												
株数：700 株/hm²												
蓄积量：189.0m³/hm²												
标准地面积：0.02hm²												

调查人：林顾世、王晓亮　　　　　　　　　记录人：李大林
统计人：李秋萍　　　　　　　　　　　　　检查人：李大林　　　　日期：2007 年 11 月 2 日
说明：本表是森林经营作业调查所用（混交林用表）。

案例7　辽宁省海阳林场2008年抚育间伐作业设计

表Ⅲ-7-8　树高测量记录表（外业用表）

　　3　林班　10　小班：　　　　　　　　　　　　　　　　　　　　　　　　　　小组：051—1

径阶	D_i	H_i	D_i	H_i	D_i	H_i	D_i	H_i	D_i	H_i	D	H	备注
12	12.6	13.5	12.1	12.4	11.1	10.5					11.9	12.1	
16	16.8	15.5	16.2	14.5	15.8	14.0					16.3	14.7	
18	17.5	16.5	18.0	17.0	17.8	17.5					17.8	17.0	
20	20.6	17.0	20.2	17.0	20.8	17.5	20.4	16.5	19.8	18.0	20.4	17.2	
22	22.8	18.0	21.3	18.5	22.3	19.0					22.1	18.5	
24	23.9	17.5	24.0	19.0	24.4	19.5					24.1	18.7	
30	30.3	19.0	30.5	19.5	29.8	19.5					30.2	19.3	
38	37.2	19.5	38.2	22.5	38.5	23.0					38.0	21.7	
合计													

调查人：林顾世、王晓亮　　　　　　　　　　　　记录人：李大林
统计人：李秋萍　　　　　　　　　　　　　　　　检查人：李大林　　　　日期：2007年11月2日
说明：本表是森林经营作业调查所用。D 为胸径，单位 cm；H 为树高，单位 m。

图Ⅲ-7-3　绘制树高曲线图用表（内业用表）

林班：　　　　　小班：　　　　　小组：

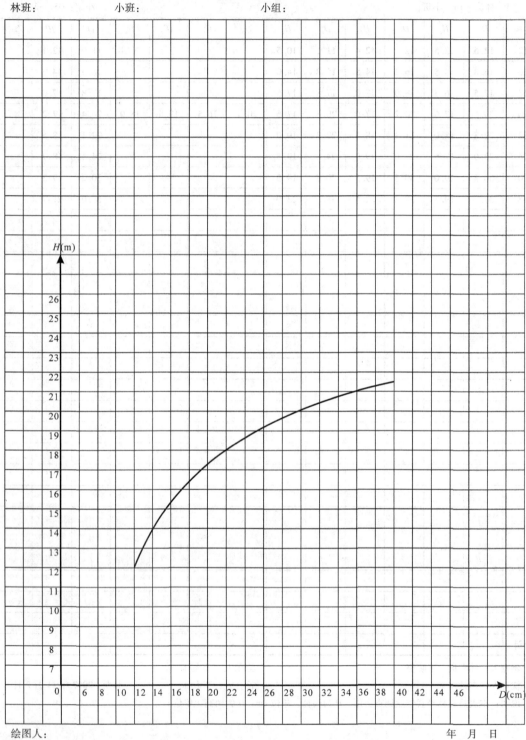

绘图人：　　　　　　　　　　　　　　　　　年　月　日
检查人：
说明：本表是森林经营作业调查所用。

表Ⅲ-7-9 径阶标准木造材记录表（外业用表）

3 林班 10 小班 树种 辽东栎 小组:051-1

编号	径阶(cm)	树高(m)	胸径(cm)	蓄积(m³)	材种:加工原木 小头径(cm)	长度(m)	材积(m³)	材种:小径原木 小头径(cm)	长度(m)	材积(m³)	材种:坑木 小头径(cm)	长度(m)	材积(m³)	材种:橡材 小头径(cm)	长度(m)	材积(m³)	材种:等外材 小头径(cm)	长度(m)	材积(m³)	材积合计	梢长底径大柴
1	16	15.5	16.8	0.1322				14	3.8	0.078	8.2	2.0	0.013				5.3	1.0	0.003		1.8/3.8/0.0007×4
2	18	16.5	17.5	0.1453				14	4.2	0.089	9.5	2.2	0.022				5.8	1.1	0.004		2.0/4.0/0.0008×6
3	30	19.0	30.3	0.5037	26.8	5.4	0.322				10.2	2.5	0.025				8.0	1.4	0.009		2.2/4.2/0.0010×5
4	38	19.5	37.2	0.7896	32.4	2.8	0.260				12.0	3.0	0.043				8.0	1.6	0.010		2.4/4.4/0.0012×8
合计				1.5708			0.582			0.167			0.103						0.026	0.878	0.0222

调查人:林顾世、王晓亮　记录人:李大杯

统计人:李秋萍　检查人:李大林

说明:本表是森林经营作业调查所用。

日期:2007年11月2日

表 III-7-10　标准地材种出材量统计表(内业用表)

<u>3</u> 林班　　<u>10</u> 小班　　　　　　　　　　　　　　　　　　　　　　　　小组：051—1

项目		材种	出材量 (m³, 根, t)	出材率(%)	
出材量	规格材	电柱(梁)材			
		檩　材			
		加工原木	0.582	37.0	
		小径原木	0.167	10.6	
		交手杆			
		坑　木	0.103	6.6	
		小　计	0.852	54.2	
	非规格材	橼　材			
		等外材	0.026	1.7	
		小　计	0.026	1.7	
		合　计	0.8802	56.0	
采伐剩余物		大　棍			
		小原条			
		小　杆			
		大　柴	0.0222	1.2	
		合　计	0.0222	1.2	

调查人：林顾世、王晓亮　　　　　　　　　　　　记录人：李大林
统计人：李秋萍　　　　　　　　　　　　　　　　检查人：李大林　　　日期：2007 年 11 月 2 日
说明：本表是森林经营作业调查所用(混交林用表)。

案例 8　福建省建阳市范桥林场 2006 年伐区作业设计

一、实训目的及要求

通过综合实训使学生学习掌握森林主伐作业设计的伐区调绘，伐区基本情况、地况、林况、更新状况调查，伐区内业资料整理，伐区平面图、设计图绘制，主伐更新设计，编制伐区作业设计表和伐区作业设计说明书等基本操作技能，以进一步巩固理论知识，加强实践动手能力，培养学生分析、解决问题和独立思考能力。培养学生热爱专业、吃苦耐劳、关心集体、团队协作的良好职业道德。

二、实训仪器配备要求

以组为单位配备 1 套罗盘仪、皮尺、花杆、视距尺、钢卷尺、手锯（或油锯）、砍刀、三角板、绘图直尺、量角器、锄头、铁锹、土壤刀、工具包、计算器、讲义夹、文具盒、铅笔、刀片、毛笔、透明方格纸等。

三、实训步骤

（一）准备工作

1. 业务培训、人员组织

首先根据实训大纲要求制定计划，安排综合实训任务，进行实训动员和业务培训；并将林业技术 0402 班 42 个同学根据业务能力分成 6 个组，每组 7 个人，选出 1 人为小组长，组内人员进行合理分工，并采用轮岗制进行综合实训全过程训练。

2. 选择主伐试验林

福建省建阳市范桥林场范桥工区伐区共计 6 个小班，分别为范桥工区 77、78、173、178、182、184 小班，每个小组负责一个小班的伐区调查和设计。

3. 资料收集

调查前应以组为单位收集各类资料：建阳市范桥林场范桥工区 1∶10 000 的地形图和林业基本图、山林定权图册、伐区采伐规划图，森林总采伐量计划指标、年度资源消耗计划、伐区森林资源调查簿、森林资源建档变化登记表、森林采伐规划一览表、伐区调查设计记录用表、测树数表（二元材积表、角规断面积速见表、立木材种出材率表）、采伐作业定额参考表、各项工资标准、森林采伐作业规程等有关技术规程和管理办法等；作业区的气象、水文、土壤、植被等资料；作业区的劳力、土地、人口居民点分布、交通运输情况、农林业生产情况等资料。

4. 准备主伐作业设计内外业用表

以组为单位准备罗盘仪导线测量记录表、土壤调查记载表、植被调查记载表、全林、标准带每木调查记录表、树高测定记录表等外业调查记录表；以个人为单位准备标准地（带）

调查计算过渡表、伐区调查设计书、伐区蓄积量出材量计算表、森林采伐调查设计汇总表（一）、采伐调查设计汇总表（二）、伐区作业设计汇总表（三）、采伐设计汇总表（四）、准备作业工程设计卡、小班调查和工艺（作业）设计卡等内业计算、设计表。

（二）伐区调查外业工作

1. 现场踏查

首先对所调查的伐区进行现场踏查，让同学明确伐区范围、边界；核对林况、地况和森林资源；并指导学生初步确定作业区、楞场、工棚、房舍等位置，集材与运材路线，制定实施采伐作业设计技术方案和工作计划。

2. 伐区调绘

（1）伐区界线调绘

因为学生人数较多，有一定的技术基础，同时为了培养学生吃苦耐劳、科学求实的工作态度，本次伐区界线调绘采用罗盘仪导线实测定界。

（2）伐区界线标志

①伐区外靠近界线的树木，要求刮皮为记。

②伐区界线转折点，选择界外最近的3株树作为定位树进行刮皮、编号、划胸高线，并记载定位树的编号、树种、胸径、转折点号以及定位树与转折点的相对位置。

（3）伐区面积计算

①伐区面积求算。以实测平面图为基础，采用网点板法量算（数毫米方格）求算面积。

②本伐区面积为 $6hm^2$ 左右，求算两次不超过 1/50，符合精度要求，可取两次平均值。

3. 伐区调查

①基本情况　根据现场补充调查和伐区现有森林资源调查簿、森林资源建档变化登记表等资料得知，伐区基本情况见伐区调查设计书。

②地况调查　根据现场补充调查和伐区现有森林资源调查簿、森林资源建档变化登记表调查伐区的地形地势、土壤植被等地况资料。

③林况调查　伐区林况采用全林分每木检尺。

④伐区更新调查　以伐区为单位，布设有代表性样方，进行伐区更新调查。

（三）伐区调查内业工作

1. 伐区平面图的绘制

①伐区平面图应以调绘的底图为基础。

②伐区平面图应标出伐区界线、地物和地貌、伐区编号、转折点编号及与定位树相对位置、界线上测点和测线（有实测的）、比例尺、调绘时间、测绘者姓名和单位等。

③伐区平面图一律以正上方为北，正下方为南，右方为东，左方为西。

2. 主伐更新设计

（1）采伐方式的确定

因本伐区杉木人工林为成熟林，确定为主伐皆伐。

（2）采伐年龄设计

按照行业标准《森林采伐作业规程》（LY/T1646—2005）和《福建省森林采伐技术规范》的

要求确定本次伐区树种的采伐年龄。建阳市范桥林场范桥工区伐区6个小班均为一般杉木中径材，其中184小班造林时间为1974年，173小班造林时间为1974年，75和78小班造林时间为1975年，178和182小班为1973年造林，均已达到成熟林龄级，可以主伐。

（3）采伐强度设计

建阳市范桥林场范桥工区伐区6个小班均设计为主伐皆伐，采伐强度为100%。

（4）材种出材量设计

①执行行业标准　按《森林采伐作业规程》（LY/T1646—2005）、"福建省森林采伐技术规范"、"福建省伐区调查设计工作细则"的有关规定进行材种出材量设计，杉木材种分规格材、小径材、短小材，马尾松材种分为规格材、小径材、薪材。在木材生产过程中，应做到合理造材、材尽其用，严禁大材估小材，等外材估薪材，努力提高木材利用率。

②材种出材率确定　树材种出材率根据"福建省伐区调查设计工作细则"、本场的经验出材率，并参考"福建省立木树干材种出材率表"、南平市核定的出材率等综合确定。

③出材量计算基础　执行行业标准《森林采伐作业规程》（LY/T1646—2005）、"福建省森林采伐技术规范"、"福建省伐区调查设计工作细则"的有关规定进行材种出材量计算。杉木材种分规格材、小径材、短小材，马尾松材种分为规格材、小径材、薪材。其中马尾松薪材不计入木材产量。具体计算时以径阶为基础计算材种出材量。

④出材量计算方法　出材量＝蓄积量×出材率

先以径阶为基础分别杉木和马尾松计算材种出材量，再折算为伐区材种出材量。

⑤出材量测算精度　精度应高于90%，分项出材量不低于85%。

（5）集材方式、集材道、生产组织、清林方式、楞场、伐区生产工艺设计

实习队师生与林场技术人员组成设计小组，经过现场踏查，根据伐区山场自然条件、结合本场实际情况，并根据行业标准《森林采伐作业规程》（LY/T1646—2005）、"福建省森林采伐技术规范"有关要求，共同探讨研究，设计伐区集材方式、集材道、生产组织、清林方式、楞场、伐区生产工艺流程。

（6）森林更新设计

执行行业标准《森林采伐作业规程》（LY/T1646—2005）、《造林技术规程》（GB/T15776—1995）进行森林更新设计。科学确定更新方式、更新树种、造林密度、造林类型。

（四）编制森林主伐作业设计成果

1. 绘制伐区设计图

①伐区设计图应以伐区平面图为基础。

②伐区设计图应标出等高线，反映伐区位置、四至界线、小班号、伐区编号、采伐面积、采伐蓄积、交通、集材、工舍、车库、楞场等情况，必要时可作适当的文字说明；比例尺和图例；绘制时间、测绘者姓名和单位等。

③伐区设计图一律以正上方为北，正下方为南，右方为东，左方为西。

2. 编制各类伐区作业设计表

①填写有关记录计算表　包括罗盘仪导线测量记录表、土壤调查记载表、植被调查记载表、全林、标准带每木调查记录表、树高测定记录表、伐区调查设计书、伐区蓄积量出材量计算表。

②编制伐区作业设计汇总表　包括森林采伐调查设计汇总表（一）、采伐调查设计汇总表（二）、伐区作业设计汇总表（三）、采伐设计汇总表（四）、准备作业工程设计卡、小班调查和工艺（作业）设计卡。

3. 伐区作业设计说明书的编写

以福建省建阳市范桥林场为单位编写年度伐区调查设计工作说明书，包括前言、调查设计要点说明、有关当年采伐更新计划生产完成情况、伐区更新工作管理情况、伐区调查设计工作经验体会和存在问题。

福建省建阳市范桥林场
2006年伐区作业设计说明书

一、前言

福建省建阳市范桥林场建于1958年，全场总经营面积3 105.5 hm²，其中有林地面积2 173.4 hm²，人工用材林面积1 896.9 hm²。各类森林蓄积量146 490 m³，其中人工用材林135 020 m³。该场经营区主要分布于闽江支流，横南铁路、205国道经过林场场部，林场公路、铁路、河流形成了相互交织的运输网络，水陆交通方便。据调查，全场林地土壤以红壤为主，土层中厚层居多，土壤酸性至微酸性；林下植被多为小檵木、小刚竹、五节芒、芒萁骨；全场Ⅱ、Ⅲ类地占多数，达60%左右。总之，林场自然条件较好、气候温和、雨量充沛、土壤中等肥沃级以上居多，适宜培育杉木、马尾松、阔叶树等多种树种用材林。2007年伐区共有6个小班，分别为范桥工区77、78、173、178、182、184小班，伐前为一般杉木中径材。本次伐区调查设计人员组成有福建林业职业技术学院林业调查设计院指导老师4人，林场技术人员2人，学生42人。学生综合实习时间10d，其中准备工作1d，伐区调查外业工作4d，伐区调查内业工作5d。伐区调查设计内外业工作结束后，由南平市林场处、建阳市林业局、范桥林场的技术人员组成质量检查验收组，对所调查伐区进行检查验收。

二、调查设计要点说明

①本次伐区作业设计执行行业标准《森林采伐作业规程》（LY/T1646—2005）、《福建省森林采伐技术规范》《福建省伐区调查设计工作细则》的有关规定。

②伐区面积测量采用罗盘仪导线实测定界方法，闭合差≤1/100。蓄积量采用全林分每木检尺，精度达到90%。

③执行《森林抚育规程》（GB/T 15781—1995）、《森林采伐作业规程》（LY/T1646—2005）、《福建省森林采伐技术规范》等进行森林采伐更新方式、组织伐区生产和森林经营措施设计。

④森林采伐后及时组织造林更新设计，并于采伐后第二年春季及时进行人工植苗更新。

⑤木材生产定额以省林业厅编制的《福建省林业生产统一定额》为主，辅以本地区和本场的经验定额确定。

⑥蓄积量及出材量计算：执行《森林采伐作业规程》(LY/T1646—2005)、《福建省森林采伐技术规范》《福建省伐区调查设计工作细则》的有关规定进行材种出材量计算。杉木材种分规格材、小径材、短小材，马尾松材种分为规格材、小径材、薪材。其中马尾松薪材不计入木材产量。具体计算时以径阶为基础计算材种出材量。

⑦树材种出材率根据《福建省伐区调查设计工作细则》、本场的经验出材率，并参考《福建省立木树干材种出材率表》、南平市核定的出材率等综合确定。

⑧等外材以原木的5%计算，但原木中应扣除等外材部分。

⑨根据当地用工劳动工资情况及物价水平，日工资定为50元。

⑩不可预见用工及费用：按作业工程及准备作业用工的3%计算，工具材料费用以木材生产费用的3%计算。

三、有关当年采伐更新计划生产完成情况

①本年度根据南平市《2006年森林采伐量汇总表》下达的指标进行规划设计。范桥林场2006商品材采伐限额为3 500m^3，年度资源消耗计划3 500m^3，实际设计采伐蓄积量3 441m^3，占计划的98.3%。该场2006年度伐区面积24.8hm^2，分4片，总出材量3 441 m^3。

②执行《森林采伐作业规程》(LY/T1646—2005)、《福建省森林采伐技术规范》认真进行伐区清理，质量符合要求。

③执行《森林采伐作业规程》(LY/T1646—2005)、《造林技术规程》(GB/T15776—1995)进行森林更新设计。科学确定伐区更新方式、更新树种、造林密度、造林类型。全部伐区都完成更新造林，质量合格，更新造林面积占伐区的100%。

四、伐区采伐更新工作管理情况

①以手工作业的各工序，要严格遵守《森林采伐作业规程》(LY/T1646—2005)、《福建省森林采伐技术规范》进行施工，做到安全生产。

②执行《森林采伐作业规程》(LY/T1646—2005)、《福建省森林采伐技术规范》、《福建省伐区调查设计工作细则》的有关规定进行材种出材量设计，杉木材种分规格材、小径材、短小材，马尾松材种分为规格材、小径材、薪材。在木材生产过程中，做到合理造材、材尽其用，严禁大材估小材，等外材估薪材，努力提高木材利用率。

③实习队师生与林场技术人员组成设计小组，经过现场踏查，根据伐区山场自然条件、结合本场实际情况，并根据《森林采伐作业规程》(LY/T1646—2005)、《福建省森林采伐技术规范》有关要求，共同探讨研究，设计伐区集材方式、集材道、生产组织、清林方式、楞场、伐区生产工艺流程。

④执行GB/T 15776，GB/T 15163和GB/T 18337.3，进行伐区森林更新工作管理。做到正确选择森林更新方式；科学确定更新树种和树种配置，适地适树适种源；实现森林更新良种壮苗、细致整地、合理密度、精心管护、适时抚育。

五、伐区调查设计工作经验体会和存在问题

①本次伐区调查设计工作师生们发扬吃苦耐劳、科学求实、团结协作的工作作风，严格按最新国家、行业、地方的技术标准进行伐区作业设计，经上级检查组检查，伐区作业设计

质量合格。

②根据调查经济出材率偏高，综合出材率80%，其中杉木出材率80%、马尾松出材率82%。究其原因：本次调查采用福建省林业厅《福建省伐区调查设计工作细则》为各材种出材量计算的主要依据，其中杉木材种分规格材、小径材、短小材，马尾松材种分为规格材、小径材、薪材，而马尾松薪材不计入木材产量。与福建省《森林采伐更新调查设计实施细则》比较：杉木、马尾松材种分原木、非规格材、薪材，其中杉木、马尾松的薪材不计入木材产量。故本次伐区调查设计的出材率偏高。

③由于经验不足，加上调查设计时间短促，设计成果资料肯定有不足之处，恳请林场领导和技术人员在执行过程中加以批评指正。

下列伐区调查设计表Ⅲ-8-1~表Ⅲ-8-7仅以范桥工区184小班为例进行设计，其余略。

表Ⅲ-8-1 伐区调查设计书

建阳 县(市) 麻沙 乡(镇、场) 范桥 村(工区)土名 _____
山林定权 林班 2 小班 184 山权单位 林场 林权单位 林场
建档或二类调查 有 _____
林权证号 ____ 字 ____ 号，四至：东 农田 南 农田 西 防火路 北 农田
地类或林种 用材林 小班面积 38亩 采伐面积 38亩 林分起源 人工
可及度 即可及 坡度 25° 调查技术方法 全林分每木检尺 样点数 ____
珍稀(特殊)树种情况 _____
林分历史情况 1974年人工植苗造林
森林经营类型名称 一般杉木中径材 _____ 类型号 _____

	项目	树种组成	林龄	郁闭度	立木密度（株/亩）	平均胸径（cm）	平均高（m）	枝下高（m）	蓄积量（m³）	立竹株数（株/亩）
林分状况调查	伐前	7杉3马	34	0.8	135	13.8	11.0		15.3	
	采伐木	7杉3马	34	0.8	135	13.8	11.0		15.3	
	伐后									

	采伐类型：主伐		采伐方式：皆伐		采伐强度：株100%，蓄积量100%			
采伐作业设计	树种	蓄积量（m³）			采伐出材量（m³）			
		总蓄积量	采伐木蓄积量	保留木蓄积量	出材量	其中		薪炭材
						规格材	小径材	短小材	
	杉木	407	407		334	62	218	54	
	马尾松	176	176		144	82	62		4
	阔叶树								
	珍稀树种								
	合计	583	583		478	144	280	54	4

更新状况调查	幼树主要树种	马尾松	高度(m)	2	亩株数	50	频度	
	母树主要树种	马尾松	亩株数	10	结实情况：良好			
更新措施设计	更新方式	人工更新	更新树种	马尾松、阔叶树	更新时间	2007.2		
	更新单位	范桥林场	森林经营类型名称：一般马尾松中径材					

(续)

伐区位置示意图							
	比例尺：1:10 000						
小班号	蓄积/采伐面积	/		/			
检查设计人员	调查设计单位	姓　名	资格证号	检查单位	姓　名		
	福建林业职业技术学院	林业0402班师生		南平市林场处			
		2006年6月21日			年　月　日		

表Ⅲ-8-2　准备作业工程设计卡

工区：　范桥　　伐区号：　1　　小班号：　184

作业项目		规格或型号	单位	数量	定额	需工数	日工资(元)	金额(元)
(1)		(2)	(3)	(4)	(5)	(6)	(7)	(8)
合计				2 350	1.38	1 706.1	50	85 305
简易集材道	小计					36.1		1 805
	肩拖路	1.2~1.5	m	250	17.6	14.2	50	710
	串坡道	1.0~1.2	m	350	16.0	21.9	50	1 095
	滑道		m					
架空索道	小计							
	架设		次					
	移线		次					
	人工卧桩		个					
	设备转移		次					
集材道	小计							
	手板车道	1.5~2.0	m	450	10	45	50	2 250
	手扶拖拉机道		m					
山楞场	小计							
	修建面积		m²					
	土石方量		m³					
机械维修	小计							
	油锯		台					
	绞盘机		台					
	索道							
道路养护	小计							
	林区便道	4.5	km	1.3	0.8	1 625	50	81 250

伐区示意图

| 场 | 工区 | 林班 | 经营小班 |

山场坐落　　　乡(镇)　　　　　树、山林权证号　山权：_____
　　　　　　　　　　　　　　　　　　　　　　　　林权：_____

N ↑

图 例			
水沟		公路	
乡界			
村界			
林班界		比例尺	

表Ⅲ-8-3　森林采伐调查设计汇总表（一）

采伐类型	工区	小班号	采伐面积(亩)	伐前林分状况											森林采伐设计					伐后林分状况				总需工(工日)	直接生产费用	
				林种	经营类型号	林分起源	树种组成	林龄(年龄)	平均胸径(cm)	平均树高(m)	郁闭度	蓄积量(m³)	每亩		采伐方式	采伐强度		采伐蓄积(m³)	出材量(m³)	树种组成	郁闭度	每亩			总费用(元)	每立方米费用(元)
													株数	蓄积(m³)		株数(%)	蓄积(%)					株数	蓄积(m³)			
(1)	(2)	(3)	(4)	(5)	(6)	(7)	(8)	(9)	(10)	(11)	(12)	(13)	(14)	(15)	(16)	(17)	(18)	(19)	(20)	(21)	(22)	(23)	(24)	(25)	(26)	(27)	(28)
主伐	范桥林场	2	184	用材	38	人工	7杉3马	34	13.8	11.0	0.8	583	135	15.3	皆伐	100	100	583	478					2 774	143 915	301

表Ⅲ-8-4　采伐调查设计汇总表（二）

单位	采伐类型	林班号	小班号	树种	面积(亩)	蓄积量(m³)	经济材出材量(m³)	出材率(%)	经济材(m³)					商品薪材(t)	备注
									小计	规格材原木	等外材	小径材	短小材		
(1)	(2)	(3)	(4)	(5)	(6)	(7)	(8)	(9)	(10)	(11)	(12)	(13)	(14)	(15)	
范桥林场	主伐	2	184	合计	38	583	478	82	137	137	7	280	54		
				杉		407	334	82	59	59	3	218	54		
				松阔	38	176	144	82	78	78	4	62		4	

表Ⅲ-8-5　伐区作业设计汇总表（三）

单位	采伐类型	林班号	小班号	总出材量(m³)	日工资(元)	总需工(工日)	总费用(元)	每立方米直接生产费用(元)	木材生产工资(元)									工具材料费		
									小计	采造	集材	归装场材工资	场内运材工资	清林	准备作业	设计费	其他	不可预见费	每立方米消耗金额(元)	金额(元)
(1)	(2)	(3)	(4)	(5)	(6)	(7)	(8)	(9)	(10)	(11)	(12)	(13)	(14)	(15)	(16)	(17)	(18)	(19)	(20)	(21)
范桥林场	主伐	2	184	478	50	2 774	143 915	301	139 723	18 175	21 460	9 680	1 034		85 305			4 069	8.8	4 192

注：场内运输是指计入伐区生产直接费用的场内运输费。

表Ⅲ-8-6　福建省国有林场采伐索道汇总表（四）

单位	采伐类型	总费用(元)	简易集材道		板车道		手扶拖拉机道		架空索道							楞场		便道		道路养护		工棚		备注
									架线		移线													
			长度(m)/条数	费用(元)	长度(m)/条数	费用(元)	长度(m)/条数	费用(元)	次数	总长度(m)	次数	总长度(m)	人工卧桩	设备转移	费用(元)	面积(m²)/个数	费用(元)	长度(m)/条数	费用(元)	长度(m)	费用(元)	面积(m²)	费用(元)	
(1)	(2)	(3)	(4)	(5)	(6)	(7)	(8)	(9)	(10)	(11)	(12)	(13)	(14)	(15)	(16)	(17)	(18)	(19)	(20)	(21)	(22)	(23)	(24)	(25)
范桥林场	主伐	85 305	600	1 805	450	2 250													1 300	81 250					

表Ⅲ-8-7 小班调查和工艺(作业)设计卡

工区：范桥　伐区号：1　小班号：　　小班面积：38 亩　小班蓄积：583 m³　山林权证：　　林权属：　　林场：　　
森林经营类型名称：一般杉木中径材　森林经营类型号：　　年生长量：0.45 m³/亩　地貌类型：高丘　四至：东 农田 南 农田 西 防火路 北 农田　平均每亩出材：12.56 m³/亩　杉木
林种：用材林　更新方式：人工植苗　更新树种：杉木　马尾松、阔叶树　坡度：25°　坡向：东南　海拔：200～260 m
0.072m³/株，马尾松 0.279 m³/株　株数：5118 株　平均每亩出材：
土壤名称：红壤　厚度：83 cm　腐殖层厚度：16 cm　下木、地被物：名称：芒萁、杂竹　高度：0.8m　盖度：0.4 ，覆盖度：95 %　立地质量等级：Ⅲ
面积测量方法：罗盘仪闭合导线　蓄积量调查方法：全林分每木检尺　标准地(带)数：　　珍稀树种情况：
采伐类型：主伐　采伐方式　弯把锯　采伐面积 38 亩 采伐蓄积 583 m³　采伐强度:株数 100 %　蓄积量 100 %　场内运距 150 m
距离 1 200 m　场内运距　　场内运距 150 m
伐区生产工艺流程：准备工作→采伐→集格→归楞→装运

项目		合计	采伐段				造材				集材段					归装段				清林	
			采伐		打枝	剥皮	量材	造材		小计	肩拖	串坡	索道	板车	手扶拖拉机	小计	归装	装车		每亩	
			油锯	弯把锯	弯把锯			油锯	弯把锯										蓄积量	株数	蓄积(m³)
	(1)	(2)	(3)	(4)	(5)	(6)	(7)	(8)	(9)	(10)	(11)	(12)	(13)	(14)	(15)	(16)	(17)	(18)	(19)	(20)	(21)	(22)	(23)	(24)	(25)	(26)
合计	产量(m³)	478	478	478	478	478	478	478	478	478	478		478			478		478	478	478		583		135	15.3
	定额	0.48	1.3	10.3	7.6	3.4	19.8		5.3	1.1		1.5		4.3		4.3		2.5	5.8	4.3					
	需工数(个)	986.3	363.5	46.3	63	140.4	24.1		89.7	429.2		318.7		110.5		111.2		193.6	82.4	111.2					
	日工资(元)	50	50	50	50	50	50		50	50		50		50		50		50	50	50					
	金额(元)	49 315	18 175	2 315	3 150	7 020	1 205		4 485	21 460		15 935		5 525		5 560		9 680	4 120	5 560					
杉木	产量(m³)	334	334	334	334	334	334		334	334		334		334		334		334	334	334					
	定额	0.48	1.2	9.5	7.1	3.2	18.3		5.3	1.1		1.5		4.6		4.3		2.5	5.8	4.3					
	需工数(个)	698.5	267.9	35.2	47.0	104.4	18.3		63	295.3		222.7		72.6		77.7		135.3	57.6	77.7					
松木	产量(m³)	144	144	144	144	144	144		144	144		144		144		144		144	144	144					
	定额	0.56	1.5	13.0	9.0	4.0	25		54	1.1		1.5		3.8		5.8		2.5	5.8	4.3					
	需工数(个)	287.8	95.6	11.1	16	36	5.8		26.7	133.9		96		37.9		33.5		58.3	24.8	33.5					
阔叶树	产量(m³)																								
	定额																								
	需工数(个)																								

项目	伐前	伐后
树种组成	7杉3马	
树龄或龄组	34	
平均胸径(cm)	13.8	
平均树高(m)	11.0	
郁闭度	0.8	
蓄积量(m³)	583	

案例9　福建省三明市三元区生态公益林经营措施方案

生态公益林是发挥森林的生态功能，提供生态效益，担负起污染防治、防风固沙、水源涵养、水土保持、净化空气、调节气候、保护生物多样性、游憩保健、绿化美化等主要任务。坚持生态优先，强化生态公益林的保护与管理，对进一步维护林权所有者权益，做到科学经营，合理利用，充分发挥其生态效益、经济效益和社会效益具有重要意义。本方案旨在分析三元区生态公益林建设现状，探讨生态公益林经营管理对策，为三元区实施分类经营、分区施策、促进生态公益林建设可持续发展提供参考。

一、三元区生态公益林经营现状

福建省三明市三元区土地总面积81 000 hm^2，其中林业用地69 407 hm^2，森林覆盖率82.7%，活立木总蓄积量60 911万 m^3，林木年生长量3 116万 m^3。全区生态公益林15 067 hm^2，占林业用地的21.7%。

三元区生态公益林建设的重点：一是三明市区周围一重山的城市环境保护林；二是市区20多万城市居民饮用水源的水源涵养林；三是闽江上游干流——沙溪两岸一重山及其一级支流汇水区的水源涵养林；四是地带性天然常绿阔叶林等。

（一）结构分析

1. 地类结构

三明市三元区有林地14 238 hm^2，占94.5%；疏林地10 hm^2；灌木林地404 hm^2，占2.7%；未成林造林地178 hm^2，占1.2%；宜林地237 hm^2，占1.6%。

2. 林种结构

特种用途林131 hm^2，占总面积的0.9%；防护林14 936 hm^2，占总面积的99.1%。三元区地处闽江上游干流——沙溪下游，辖区内河流众多，中小水库10多座，防护林建设是三元区生态公益林建设的主要内容。

3. 权属结构

集体林10 309 hm^2，占68.4%；国有林4 758 hm^2，占31.6%。集体林比重大。

（二）区位分析

1. 地理区位

闽江上游干流——沙溪贯穿全境，呈西南—东北流向，将全区分为2部分，即沙溪以东部分和沙溪以西部分。沙溪以东部分，土地总面积42 677 hm^2，占全区总面积的52.7%，其中林业用地36 061 hm^2，占全区林业用地的52.0%。河东区属中低山地貌，切割深，高差大，相对落差在200~600 m之间。该区位内的东牙溪水库库容2 000万 m^3，是市区20多万居民的主要生活饮用水源。沙溪以西部分，土地总面积38 323 hm^2，占全区总面积的47.3%，其中林业用地33 346 hm^2，占全区林业用地的48.0%。河西区属丘陵低山地貌，山势较为平缓，切割深度相对较小。

2. 生态区位

依地理区位的不同，全区生态公益林总面积 15 067hm^2，也呈现不同的区位。即河东生态林经营区和河西生态林经营区。河东生态林经营区面积 11 070hm^2，占全区生态林的 73.5%，其中沙溪两岸及其一级支流汇水区内的水源涵养林 10 402hm^2，占 69.0%；坡度 36°以上，土壤贫瘠、岩石裸露区域的水土保持林 575hm^2，占 3.9%；国家一级、二级保护野生动植物——南方红豆杉群落、闽楠群落和苏门羚栖息地的自然保护小区林 92hm^2，占 0.6%；护路林 1hm^2。该区位是三元区全境对森林生态系统总体需求最高的区位，也是全区生态公益林建设与保护的重点。河西生态林经营区面积 3 997hm^2，占全区生态林的 26.5%，其中沙溪一级支流两岸内的水源涵养林 3 754hm^2，24.9%；坡度 36°以上、土壤贫瘠、岩石裸露的区域水土保持林 203hm^2，占 1.3；环境保护林 39hm^2，占 0.3%；护路林 1hm^2。该地区生态公益林建设的主要任务是保护天然常绿阔叶林。

3. 事权等级分析

国家生态公益林面积 12 631hm^2，占生态林的 83.8%。其中沙溪一级支流——东牙溪源头的水源涵养林 7 522hm^2，占国家生态公益林的 59.6%；沙溪干流及其一级支流——东牙溪、署沙溪、溪源溪、渔塘溪、台江溪和瓦坑溪的两岸第一层山脊内的水源涵养林 4 200hm^2，占 33.3%；坡度 36°以上，土壤贫瘠，岩石裸露区域的水土保持林 661hm^2，占 5.2%；205 国道、鹰厦铁路两侧第一层山脊内的防护林 156hm^2，其中水源涵养林 140hm^2，水土保持林 16hm^2，占 1.2%；国家一级、二级保护的野生动植物——南方红豆杉群落、闽楠群落和苏门羚栖息地的自然保护小区林 92hm^2，占 0.7%。

省级生态公益林面积 2 436hm^2，占 16.2%。其中乡镇村庄周围的水源涵养林 2 294hm^2，占省级生态公益林的 94.2%；坡度 36°以上，土壤贫瘠，岩石裸露区域的水土保持林 101hm^2，占 4.1%；环境保护林 39hm^2，占 1.6%；护路林 2hm^2，占 0.1%。

二、生态公益林经营总体评价

①现有生态公益林突出了对全境生态需求最高的区位——沙溪以东中低山地区的生态公益林保护建设，形成重点生态功能区。沙溪以东地区的生态公益林占该地区林业用地的 30.7%，能基本满足该地区对森林生态系统的总体需求。

②生态公益林基本能集中连片，连片面积在 67hm^2 以上的占 93%，能较好地发挥森林生态系统的功能和效益，也便于经营管理。

③尊重林权所有者和经营者的意愿，维护了林权所有者和经营者的合法权益。对处在生态公益林分布区位，而林权所有者或经营者暂不愿划为生态公益林的部分人工林，未纳入生态公益林。

④林分质量较好，体现了生态优先。现有生态公益林中，有林地占 94.5%。其中林分 9 632hm^2，占 63.9；林分中郁闭度 0.7 以上 6 118hm^2，占林分的 63.5%；阔叶林 6 245hm^2，占生态林的 41.5%，占林分的 64.8%。

⑤生态公益林占林业用地的 21.7%，总量与实际需求尚有差距。主要表现在中村、莘口的高海拔地区的生态公益林数量依然不足。

三、生态公益林经营指导思想

生态公益林经营以可持续发展为指导，以建立比较完备的林业生态体系为目标，以提高生态公益林资源质量和改善生态环境为重点，遵循森林自然规律，依靠科技进步，采取保护、造林、封育、补植、抚育相结合的措施，以天然更新为主，辅以人工和人工促进天然更新，把生态公益林建设成多林种、多树种、多层次、多景观，结构合理、功能健全、生态效益、社会效益和经济效益长期稳定的森林生态体系。

四、生态公益林经营措施制定原则

（一）生态优先原则

生态公益林经营应根据生态区位、环境质量、资源状况等特点，本着生态优先的原则，有利于保护生态林资源，有利于治理生态性灾害，有利于维护区域生态安全。在不影响生态资源和环境保护的前提下，适度进行生态公益林的开发利用，如生态公益林的非商品性采伐，生态公益林的旅游等。

（二）系统性整体性原则

生态公益林的经营在地域上要体现相对集中，以形成完善的生态功能区，从区域社会发展的角度来研究生态公益林的抚育管理、更新采伐等各项经营措施。

（三）体现特色的原则

在经营目标上，以生态效益为主，社会效益和经济效益相结合；在经营措施上，以天然更新为主，人工造林和人工促进天然更新相结合；在管理体制上，以政府主导作用为主，林业、财政及建设单位多方面管理相结合。

（四）科学管理的原则

要认真调查研究，实事求是地总结评价公益林经营状况，科学地提出公益林经营目标和措施，力求经营措施设计达到政策合理、技术先进、措施可行。

五、三元区生态公益林经营技术措施

（一）造林更新型

1. 地类

包括须采取人工造林措施才能恢复森林的无林地、火烧迹地、病虫害防治迹地，不具备封育条件的疏林地及规划退耕还林的坡耕地和撂荒地。

2. 树种选择

选择树体高大、冠幅大，林内枯枝落叶丰富和枯落物易于分解，具有深根系、根量多和根域广、长寿、生长稳定且抗性强的乡土树种，如银杏、榉树、浙江润楠、苦槠、甜楠、喜树、枫香、山杜英、乳源木莲、深山含笑、乐昌含笑、木荷、杨梅、乌桕、湿地松、柏木、毛竹等。

3. 营造方式

采取植苗造林。

4. 营造模式

因地制宜采取各种混交模式，做到针叶树种与阔叶树种混交；深根系树种与浅根系树种混交；常绿树种与落叶树种混交；耐荫树种与喜光树种混交；乔木与灌木混交，保留、诱导能与更新树种共生的幼树形成混交林，并尽可能增加阔叶树的比例。阔叶树混交比在30%以上，立地条件差，能改良土壤或护土能力强的树种比例应大些。

混交方式主要采用带状、块状、行间和株间等混交方法。带状混交适用于大多数立地条件乔灌混交，耐荫树种与喜光树种混交；块状混交适用于树种间竞争性较强或地段破碎、不同立地条件镶嵌分布的地段；行间混交适用于树种间竞争性不强且辅助作用较大，地形较平缓的地段；株间混交适用于瘠薄土地和水土流失严重区，在乔木间栽植具有保土、保水的灌木。

5. 整地

一般采取穴状整地和带状整地，禁止采用全面整地。穴规格50cm×50cm×40cm，并采用"山顶戴帽，山脚穿鞋，山腰扎带"的生态栽植模式。

6. 苗木

采用Ⅰ级苗或大苗。

7. 造林密度

根据立地条件和树种生物学特性确定适宜的造林密度。为确保尽早郁闭成林，可适度加大造林密度。

8. 抚育

每年进行1~2次局部的劈草或松土除草抚育。

（二）补植改造型

1. 地类

林分郁闭度小于0.3，林下阔叶树种稀少，适宜补植造林的低效针叶林分。

2. 树种选择

补植树种选择适应性强、生长旺盛、根系发达、树体高大的乡土阔叶树种，如乳源木莲、乐昌含笑、深山含笑、山杜英、枫香等。立地条件较好、林木稀疏的平缓地段，可补植杨梅、枇杷等生态经济型树种。

3. 补植方法

沿等高线设置水平套种带，在套种带内割除影响整地和幼苗生长的灌丛杂物，保留阔叶乔木树种，采用1m×1m块状整地，中挖50cm×50cm×40cm大穴，并用2~3年生带土大苗种植。

（三）封禁管护型

1. 地类

山体坡度在36°以上，土层瘠薄、岩石裸露（岩石露出地面50%以上）、森林采伐后难以更新或森林生态环境难以恢复的林地。

2. 管护措施

实行全面封禁管护，禁止采伐、抚育等经营活动，禁止在林地内放牧、开垦、开矿、采石、筑坟、取土及修建非保护性的基础设施。

（四）封山育林型

1. 地类

具有天然下种或萌蘖能力的疏林、无立木林地、宜林地，郁闭度＜0.5，低质、低效林地，有望培育成乔木林的灌木林地。

2. 封育类型

在小班调查的基础上，根据立地条件，以及母树、幼苗幼树、萌芽根株等情况，将生态公益林封育类型分为乔木型、乔灌型、灌木型、灌草型、竹林型。

3. 封育方式

一般采取全封形式。

4. 封育措施

为充分发挥封育地类潜力，加快封育成林，根据不同封育地类和树种，应采取人工促进的育林措施。

①平茬复壮 对有萌蘖能力的乔木、灌木幼苗、幼树，根据需要进行平茬或断根复壮，以增强萌蘖能力，促其尽早成林。

②补植补播 对自然繁育能力不适或幼苗、幼树分布不均匀的间隙地块，及封育区内树木株数少、郁闭度低、分布不均匀的有林地小班，进行补植补播。

③人工促进更新 对封育区内乔灌木有较强天然下种能力，但因灌草覆盖度较大而影响种子触地。

④抚育改造 对树种组成单一和结构层次简单的小班，采取点状、团状疏伐的方法透光，促进林分幼苗、幼树生长，逐渐形成异龄复层结构的林分。

（五）封山护林型

1. 地类

郁闭度在0.5以上的生态公益林。

2. 封护组织和制度管理

同封山育林型。

3. 封育措施

运用划界封禁，严禁毁林开垦、砍柴烧炭、割草放牧、采石取土、狩猎建墓等一切不利于植物生长繁育的人为活动，强制性管护新造幼林和现有森林资源的一种护林措施。按管护责任合同进行经营管理，重点是加强森林防火、森林病虫害防治和森林资源保护工作。

4. 生物防火林带建设

针对当前森林火灾频发的实际，生物防火林带建设已成为生态公益林建设的重要内容。

（1）建设原则

遵循"因地制宜，适地适树""突出重点，因害设防""先易后难，循序渐进"和"防火功效与多种效益兼顾"的原则。

(2) 建设重点

生物防火林带建设的重点是国有林和集体林区的火灾多发、频发区。在林带设置上，应充分考虑地势地貌和行政界限，结合自然阻隔带进行设置，把重点放在"四缘"，即村庄缘、林分缘、景区缘、耕地缘。

(3) 树种选择与配置

理想的防火树种要求常绿、树冠结构紧密、对立地条件适应性强、栽培容易、幼年生长快、有较强的萌芽能力等。木荷、山杜英、杨桐、油茶等常绿阔叶树种是比较理想的防火树种。

树种的合理配置，能充分利用地力、空间，促进林木生长，提高林带的防火性能。根据防火林带所处的位置、立地条件及防火树种的生物学特性，配置合理的多树种混交模式，如木荷×杨桐×冬青、木荷×杜英、木荷×桂花、木荷 ×杨桐×乳源木莲、木荷×杨桐×桂花×杜英、木荷×油茶。多树种的合理配置，不仅丰富了生物多样性，而且还增添了景观，生态效益与社会效益非常明显。

(4) 生物防火林带营造

清理防火带内的杂灌草，挖大穴，良种壮苗上山。种植时要求根系舒展，栽植深度适宜，打紧踏实。适度密植，促进林带提早郁闭，增强防护效果。

(六) 生态疏伐型

1. 地类

适合于人工幼龄林郁闭度 0.9 以上，中龄林郁闭度 0.8 以上；天然林郁闭度 0.8 以上，并且林木分化明显，林下立木或植被受光困难的生态公益林。

2. 采伐管理

在不损害生态环境的前提下，经作业设计后，生态公益林可采取抚育伐和卫生伐。通过伐去枯死木、病死木及林下弱势木，不断提高林分质量，增强公益林的防护功能。抚育伐和卫生伐的采伐强度不得大于 15%。

(七) 生态择伐型

1. 地类

林分郁闭度 0.8 以上的同龄林成过熟林。

2. 采伐管理

对同龄林成过熟林的更新采伐可采用窄带或小块状更新采伐方式，采伐蓄积强度原则上不高于 15%，更新采伐的面积不超过 15 亩，窄带之间、小块状之间的间距面积不少于 15 亩。小块状或窄带更新后的无林地须在第二年的 3 月底之前完成造林。相邻地块采伐的间隔期以新造林地郁闭成林为限。遭受雪灾、森林火灾的生态公益林，根据受灾的情况，可采取必要的采伐方式和强度进行更新或抚育。

（八）生态经济型

1. 地类

主要是由生态经济型树种（如毛竹）组成的生态公益林。

2. 经营措施

禁止全面垦复，可适当劈草或块状松土，保留林内乔木树种，提倡施有机肥，合理挖笋砍竹，防治病虫害。立竹度达到 150 株以上，覆盖度不低于 50%。

六、三元区生态公益林经营管理措施

（一）加强资源培育和保护

（1）稳定基层林业管理机构，特别是加强乡镇林业站建设

在区、乡 2 级森林资源管理部门中设立生态公益林管理岗位，落实编制，加强培训，明确职责。特别要强化乡村生态公益林护林员队伍的建设，以落实生态公益林管护责任。

（2）做好资源本底清查

开展生态公益林生物多样性资源本底调查，编制生态公益林经营方案，加强保护，合理利用，以期获得最佳效益。

（3）因地制宜，采取全封、半封和轮封的方式，全面推进封山育林

在封育期内采取有效措施，严禁放牧、砍柴和其他人为破坏。通过补种、套种乡土阔叶树等营林措施，增加阔叶树比例，改善林分质量，提高森林生态系统的稳定性和抗逆性。

（4）加强森林防火工作

落实领导负责制，强化森林防火机构、设施和"四网两化"建设，加强野外火源管理，稳步推进以木荷、火力楠等阔叶树为主要造林树种的生物防火林带工程建设。

（5）强化林政资源管理措施

严格执行限额采伐制度，加大执法力度，打击乱砍滥伐、滥捕乱猎、乱占林地现象，控制征占用林地数量。

（6）做好森林病虫害防治工作

定期开展生态公益林病虫害情况调查和预测预报，积极防治病虫害，以生物防治为主，合理实施化学防治，实现可持续控制。特别要加强对调入木材及其制品的检疫，防止松材线虫和松突圆蚧等危险性森林病虫害的传入。

（二）增加生态公益林总量，完善布局

根据生态公益林区位分布，分期实施，逐步把沙溪沿岸第一重山的森林，中村、莘口的高海拔山区的毛竹林和部分用材林纳入生态公益林范围，不断增加生态公益林总量，争取在 1~2 个经营期内达到全区生态林地占林业用地 30%，沙溪以东中低山区达到 45% 的目标。同时，完善区位布局，进一步加强重点生态功能区的建设，争取在 1~2 个经营期内形成 5~7 个重点生态功能区，以发挥整体效益。

（三）健全保障制度

在现有法律、法规的基础上，出台生态公益林建设的相关管理制度，以保障生态公益林

的实施。主要包括生态公益林建设管理与监督办法、森林生态效益资金补偿机制、生态公益林保护奖励办法。加强生态公益林林地林权管理办法。稳定林权，依法保护林权所有者和林地经营者的合法权益。

（四）增强生态保护意识

各级政府部门要增强生态保护意识，加快生态公益林建设的紧迫感，把生态公益林建设纳入政府经济工作内容，统筹安排。广大林业干部职工要充分认识到加强生态建设，发展绿色产业，是利用自身优势，寻求自我完善、自我发展的优势项目，也是林业体制改革的必然选择，进而把保护生态、建设生态化为自觉行动。要增强全民生态环境保护与治理的责任感和使命感。要利用各种形式，开展广泛性的生态公益林建设宣传，形成全社会共同参与支持生态环境建设的良好氛围。

（五）发展森林旅游，合理利用资源

发展森林旅游，能在减少森林资源消耗的情况下，产生较大的经济、生态和社会效益。发展森林旅游，必须根据本区的实际情况，合理利用"三元国家森林公园"的森林景观优势，制定合理的旅游线路，如市区文笔山的休闲健身游、格氏栲自然保护区的生态科考游、"南方周口店"——岩前万寿岩十八万年前旧石器时代文化遗址的文物科考游、岩前树木园的树木观赏游等；也可与周边的梅列、永安、沙县的旅游景区结合起来，突出生态旅游特色。同时还必须加强对景区生态环境、旅游环境和卫生环境的管理和保护，对景区内的珍稀林木、野生动植物、名胜古迹严加保护。

七、附表（略）

八、附图（略）

案例 10 2007 年福建省沿海防护林预算内投资项目营造林工程监理报告

为了加强沿海防护林预算内投资项目建设管理，提高营造林工程质量，确保投资资金使用效果，按照福建省林业厅的要求，省林业调查规划院 2007 年派出林蜜勇、汤养麟、纽亚平、方正贺、郭国英、苏上真等 6 位林业工程师会同各项目县营林技术人员组成沿海防护林预算内投资项目营造林工程监理小组，对 2006 年度沿海防护林中央预算内投资项目（国债）和省发展和改革委员会防护林专项投资项目的营造林工程建设实施监理，同时对 2005 年度沿海防护林中央预算内投资项目（国债）营造林工程质量进行跟踪检查。监理工作从 2007 年 1 月 1 日开始至 2007 年 12 月 31 日结束，历时 1 年时间。现将监理工作报告如下：

一、基本做法

2005 年度和 2006 年度沿海防护林预算内投资项目分布 14 个县（市、区），下达建设总规模 5 245.3hm²（78 680 亩）。为了便于监理工作的开展，规划院成立了相对独立的营造林国债监理机构，指派一个院领导分管该项工作的开展，选派 6 位林业工程师会同各项目县营林技术人员组成 6 个监理小组，每个监理小组负责 2~3 个项目县。监理工作严格执行省林业厅下发的《福建省沿海防护林国债项目监理工作方案》和营造林工程建设有关的规程、规范。主要工作有两项内容：一是技术指导。指导项目县做好营造林作业设计，档案建立和营造林工程的实施。二是质量监督。监督营造林各工序施工质量，监督的主要工序有林地清理、整地挖穴、栽植、幼林抚育，以及上山造林的苗木质量等。监理工作采用现场跟班作业和巡视检查相结合的方法，发现质量问题立即勒令施工队伍整改或返工。在工序监理的基础上，每年配合项目县做好两次验收，即初验和终验。初验为人工造林结束，经过一个生长期后进行，一般是当年的 10~11 月份，重点检查人工造林面积和初验成活率、苗木生长状况、林地植被情况等。终验是针对上一年度国债项目营造林地块的跟踪检查，一般在造林后的第二年 9~10 月份进行，重点核实造林面积、造林成活率和幼林抚育质量。年度监理结束后，监理人员提供的监理材料有：《营造林小班各工序质量监理表》《营造林小班初验、终验监理登记卡》《项目建设工序整改通知书》《营造林工程建设监理报告》和监理日志等材料。

二、2005 年度防护林国债营造林工程建设终验结果

福建省 2005 年度防护林国债项目下达人工造林面积 2 466.7hm²，分布 8 个项目县。监理人员于 2007 年 9~12 月对 8 个项目县的国债项目营造林工程进行了跟踪检查。经核实，人工造林分布 8 个县（市、区）、44 个乡（镇、场）、126 个村的 468 个小班（地块），核实造林面积 2 340.6hm²，占下达计划任务的 94.9%，其中重点工程面积 2 129.5hm²，占造林总面积的 91.0%；一般工程面积 211.1hm²，占 9.0%。成活率≥85% 的面积 2 020.7hm²，占 86.3%；成活率在 41%~84% 的面积 319.9hm²，占 13.7%。在造林总面积中，营造阔叶树面积 2 203.3hm²，占总面积的 94.1%，其中：台湾相思树 774.3hm²、木荷 517.7hm²、

相思树新品种368.3hm²、香椿8.7hm²、枫香15.2hm²、桉树103.1hm²、木麻黄411.9hm²。各项目县建设情况详见表Ⅲ-10-1至表Ⅲ-10-3和表Ⅲ-10-10。

在完成人工造林面积中,有3个项目县完成省厅下达的造林任务,还有5个项目县尚未完成造林任务,其中:东山县仅完成计划的82.2%,有32.3hm²面积未完成,主要原因是:有13.9hm²的采伐至今未得到审批,7.3hm²已设计的造林地,群众不让造林,还有11.1hm²为疏林等残次林分,林业局认为林地清理成本太高,落实造林有难度。漳浦县完成计划的82.9%,有29.4hm²面积未完成,主要原因是:造林规划时,村民乐意提供林地造林,但实施造林时村民又不愿意让林业局造林,因此,设计造林的地块就无法实施。平潭县完成计划的92.7%,有27.1hm²未完成,主要原因是,有近20hm²的老林带更新采伐审批时间迟迟下达,采伐后来不及造林,还有二片设计林带更新的,林地档案中没有这个小班号,省厅林政处至今未审批采伐。福鼎市未完成的面积有13.3hm²,是因为已造林的红树林被台风破坏所致。霞浦县未完成的面积有29.1hm²,主要原因是:规划设计时不够细致,无法造林的面积未扣除,导致造林面积缩水。

三、2006年度防护林预算内投资项目营造林工程初验结果

(一)防护林国债项目

2006年度防护林国债项目下达人工造林面积1 869.7hm²,全部为重点工程,共有9个项目县。监理人员对9个项目县的国债项目人工造林进行了跟踪监理,经2007年10~12月份的初验,其结果为:项目分布51个乡(镇、场)、113个村的367个小班(地块),核实造林面积1 838.2hm²,占下达计划任务的98.3%,其中重点工程面积1 570.7hm²,占造林总面积的85.4%;一般工程面积267.5hm²,占造林总面积的14.6%。成活率≥85%的面积为1 367.8hm²,占74.4%;成活率在41%~84%的面积为413.5hm²,占22.5%成活率≤40%的面积为56.9hm²,占3.1%。

在总造林面积中,营造阔叶树面积1 475.1hm²,占总面积的80.2%,其中:营造台湾相思树481.1hm²、木荷471.8hm²、相思树新品种207.4hm²、枫香50.4hm²、桉树88.1hm²、木麻黄173.9hm²、其他阔叶树2.4hm²。各项目县建设情况详见表Ⅲ-10-4至表Ⅲ-10-6和表Ⅲ-10-11。

在完成人工造林面积中,有5个项目县完成省林业厅下达的造林任务,还有4个项目县尚未完成造林任务,其中:东山县完成计划的84.7%,有22.5hm²面积未完成,主要原因是,有4.3hm²至今未审批采伐,7.3hm²当地村委、群众不让造,3.3hm²为疏林等残次林分,林业局认为林地清理成本太高,落实造林有难度。还有10.1hm²已完成林地清理,计划2008年造林。平潭县完成计划的90.2%,共有三片11.2hm²面积未完成,主要原因是,老林带更新采伐时间偏迟延误造林季节。云霄县完成计划的96.7%,还有6.6hm²面积未完成,主要原因是,规划设计时,区划小班面积不够细致,无法造林的面积未扣除,实施造林时出现造林面积缩水。莆田市秀屿区差3.13hm²未造林,同云霄县一样存在造林面积缩水的缘故。

(二)2006年度省预算内投资项目营造林工程初验结果

2006年度省预算内投资项目下达人工造林面积909hm²,全部为重点工程,共有9个项

目县。监理人员对9个项目县的人工造林进行了跟踪监理,经2007年10～12月份的初验,其结果为:项目分布19个乡(镇、场)、46个村的193个小班(地块),核实造林面积744.3hm²,占下达计划任务的81.9%,其中重点工程面积686.1hm²,占造林总面积的92.2%,一般工程面积58.2hm²,占造林总面积的7.8%。成活率≥85%的面积为633.5hm²,占85.1%;成活率在41%～84%的面积为109.5hm²,占14.7%;成活率≤40%的面积为1.33hm²,占0.2%。在造林总面积中,营造阔叶树面积468.1hm²,占总面积的62.9%,其中:台湾相思树248hm²、木荷75.3hm²、相思树新品种1.6hm²、香椿1.2hm²、枫香3.4hm²、桉树41.9hm²、木麻黄96.7hm²。各项目县建设情况详见表Ⅲ-10-6至表Ⅲ-10-8和表Ⅲ-10-12。

在完成人工造林面积中,有4个项目县完成省林业厅下达的造林任务,还有5个项目县尚未完成造林任务,其中:湄洲区仅完成计划的37.9%,有46.8hm²面积未完成,主要原因是,24.7hm²设计在植物园造林,该植物园未建设,13.5hm²为病虫害改造,病死木至今还未采伐,其余的面积为林带更新,林带未采伐。惠安县完成计划的52.5%,有26.5hm²面积未完成,主要原因是,已设计造林的地块被征占1hm²,河边等地群众不让造林占2.7hm²,老林带更新未采伐2hm²,林冠下造林近6.7hm²不予验收,还有林地征占用的征一补一的面积还未造林(即便造林也不能认定)。诏安县完成计划的79.4%,有13.9hm²面积因部队训练占用而未完成造林,计划2008年造林。霞浦县也有17.2hm²面积未完成,主要原因是,规划设计时,区划小班面积不够细致,无法造林的面积未扣除,导致造林面积出现缩水。仙游县的67.5hm²全部未完成,主要原因是,红树林23.3hm²,群众不让在设计的滩涂上造林,基干林带造林是设计在道路两侧造林,由于道路未建成,所以至今未落实造林任务。

四、主要经验与存在问题

(一)主要经验

1. 县级林业部门的高度重视是成功实施工程项目的基础

为了加快林业生态工程建设,各项目县十分珍惜利用中央和省级财政资金建设沿海防护林体系工程这一难得机遇,给予高度重视,均形成了林业局局长亲自抓,分管局长具体抓,林业局各股(室)协调配合,营林股做好工程项目建设的管理机制。在项目实施过程中,分管营林的副局长同林业规划、营林部门的技术人员深入现场调查研究,共同完成工程项目建设的规划和造林作业设计的编制工作。林业局会同县级财政、计划、监察、审计等部门组成国债项目招投标领导小组,及时开展工程招投标工作。营林股能做到审时度势,及时调集苗木,组织造林工程队造林或督促各乡(镇)组织力量造林。多数林业局推行选派林业技术人员深入造林现场进行分片包干的跟班作业制,技术人员对造林各工序的质量进行现场监督与指导,这一做法获得良好效果。

2. 推广工程队造林是成功实施国债项目建设的有力保证

沿海地区的大多数造林地块立地条件差,生态环境恶劣,植树造林存在"难栽,难活、难长、难成林"的突出问题,沿海基干林带建设更是难中之难,断带缺口都是些"硬骨头"地段,造林难度特别大。针对这些情况,推广工程队造林尤为重要。2006年和2007年财政专项造林中，属工程队造林的面积分别为 2 340.6hm² 和 2 569.2hm²，占当年造林面积的 100% 和 99.4%。各项目县的造林工程队多数是从 1989 年全省实施"三、五、七"绿化工程时候开始承接造林任务的，具有多年造林经验，并富有责任心。林业局同造林工程队签订承包合同，实行造林承包责任制，承包费的结算同造林面积、造林进度、成活率、苗木生长状况挂钩。一些项目县的承包合同期还定为 3 年，把幼林管护纳入工程队的承包范围，明确了管护责任，这种做法收到很好效果。推行工程队造林，有力地推动了造林成活率的提高，确保工程项目的顺利实施。

3. 实施营造林建设监理制，促进了项目建设整体质量的提升

省林业调查规划院下派到各项目县的监理人员会同林业局营林技术人员或分片包干的人员一道，依据《福建省沿海防护林国债项目监理工作方案》和造林作业设计文件、林业行业有关技术标准、规范，对项目建设的营造林工程实施监理。在监理过程中，重点对林地清理，整地挖穴，苗木质量，栽植方法，幼林抚育等工序的监督与技术指导，各工序质量严格把关。对造林地块工序质量达不到要求的，监理员勒令工程队进行整改或返工，直至工序质量达到要求为止。监理员配合项目县在造林后经过一个生长期进行一次全面初验，第 2 年幼林抚育或补植后进行一次终验，初验和验收结果作为工程承包款预付的依据。有了监理工作，项目建设各个工序的实施才有实质性的监督与管理，从而达到营造林工程建设整体质量的提升。

（二）营造林工程建设中存在的主要问题

全省沿海防护林工程项目建设过程中，通过广大干部群众的共同努力，取得了一定成效，但也存在不少问题，主要有以下几点。

1. 工程招投标工作不够规范

各项目县基本上都推行了工程招标，实行工程队造林，今年全省有 52 支工程队，承担了工程项目全部的人工造林任务，但招投标工作普遍不规范。相对做得较好的有福安、福清、平潭、连江、云霄等县（市、区），福鼎、蕉城、罗源、源洲、惠安和漳州的其他几个县，形式上是邀请投标，而实际上是指定专业队造林。霞浦、秀屿等县（区）虽然进行公开招投标，但真正造林的工程队不只是中标的，其他未中标的工程队同样参与工程造林。工程招投标的整个过程与工程招投标规范要求有较大的差距。

2. 实施地块和面积对照下达计划或作业设计有一些移位

2006 年度防护林国债项目和省发改委专项造林下达计划的地块与实际实施的地块有一些移位。移位发生在两个阶段，第一阶段是计划下达后进行作业设计时地块发生移位。据统计，移位的面积为 180.3hm²，占造林总面积的 7.0%。第二阶段是作业设计审批以后工程进入实施阶段地块发生移位，全省移位面积为 168.1hm²，占造林总面积的 6.5%。面积移位较大的县有：福鼎移位 23.1%、蕉城移位 20.7%、福安移位 14.1%、湄洲区移位 39.5%、漳浦移位 15.5%。面积发生移位的主要原因，一是项目规划上报工作不够认真、深入，甚至个别县只凭档案材料进行规划上报，造成小班地点、面积错误较大；二是造林作业设计不够细致，设计的造林面积与实际能够造林的面积有出入；三是临时变更到火烧迹地上造林。各项目县移位面积详见表Ⅲ-10-11～表Ⅲ-10-12。

3. 重点骨干工程比重低，桉树面积比重较大

2006年度沿海防护林建设项目各项目县规划上报的全部为重点工程，省林业厅依据各项目县的规划建设内容进行下达，但有些项目县不完全是重点工程，一部分为水土保持林规划上报成重点工程。据调查统计，全省2007年沿海防护林项目造林的一般工程面积有325.7hm²，占造林总面积的12.3%，其中：福鼎市面积为110.9hm²，占造林面积的25.4%；蕉城区为119.3hm²，占造林面积的49.2%；福安市为17.5hm²，占造林面积的12.1%；霞浦县为27.4hm²，占造林面积的19.7%；连江县13.3hm²，占造林面积的7.7%；秀屿区37.3hm²，占造林面积的31.7%。从整体上看，重点工程的比重较高，达到87.4%，但老林带更新、农田林网、沙荒风口、红树林等重点骨干工程的造林面积仅为387hm²，占造林总面积的15.0%，比重偏低。从树种结构上看，虽然阔叶树面积占了75.2%，但桉树面积也不少，共有127hm²，占造林总面积的5.0%，其中：霞浦县造桉树面积27.4hm²，蕉城区造桉树面积4.8hm²，连江县造桉树面积24.3hm²，东山县造桉树面积68.8hm²。

4. 营造林工程各工序质量仍不够理想

虽然实施了各工序质量监理，但由于监理力量有限，每个人要负责2~3个项目县的当年营造林工程监督，任务量大，工作艰苦，导致有的监督程序相对滞后，出现了工序质量不够理想的现象。福鼎、蕉城、霞浦、连江、福清、东山等项目县都存在部分地块林地清理不干净、整地挖穴不到位、栽植密度偏低、苗木质量差等工序质量问题。罗源县有40多hm²的造林地分布有五节芒植被，由于炼山清理不彻底，影响了幼苗的生长。蕉城区仍有逾20hm²用"一锄法"造林。这些工序质量问题，监理人员已经及时地向项目县的各造林工程队提出了整改意见。

5. 重造林轻管护

各项目县造林环节抓得较紧，但造林地的管护工作不够重视，因而出现了不同程度的人畜破坏现象，如：漳浦县新造的木麻黄被羊咬掉顶芽的有13.3hm²以上，平潭县也有1.33hm²新造林地被牛羊破坏。全省国债项目的造林地幼林抚育工作严重滞后，据调查，2006年的项目造林中，有995.9hm²面积今年需要抚育的没有进行抚育，占年度造林总面积的42.1%。2007年的项目造林中，也有840.8hm²面积到2007年12月中旬还未抚育。

五、几点建议

（一）营造林设计人员持证上岗，提高设计质量

营造林工程设计是营造林项目建设最重要的依据文件，是实现适地适树和合理调整林种结构、树种结构的关键，它直接关系到项目投资的成功与否、经济效益的好坏，因此，必须认真对待设计这个环节。目前，各项目单位造林工程的作业设计大多由项目县林业局规划队或林业站技术人员组织编制，设计人员总体水平不高，其设计内容与造林技术规范、规程的要求有一定的差距，甚至不按规范进行设计，设计文件深度不够，错、漏、缺严重，无法作为施工依据。根据国家规定，设计资质归口建设主管部门管理，只有经具有设计资质的设计单位设计的文件才是有效设计文件，我省有资质开展营造林工程设计的单位实际上仅福建省林业调查规划院等少数几个单位，这种状况一方面造成设计阶段的监理无法开展，另一方面

给施工阶段的监理工作增加了难度。建议林业厅积极协调建设主管部门,明确营造林作业设计资质管理归口单位,同时进行营造林作业设计资质布局规划,并组织技术培训与考试,对现有林业规划队伍进行资质认定,做到设计人员持证上岗,以提高设计的总体水平,促进营造林工程设计尽快走上规范化管理轨道。

(二)尽快出台营造林工程监理资格和监理机构的资质认定方案

提高营造林工程质量越来越受到社会普遍关注,为了完善营造林工程建设管理,提高工程建设质量,组建营造林工程监理机构、培养监理人才已成为营造林事业的迫切要求。目前,《营造林工程监理员国家职业标准》已经颁布,该标准是针对营造林工程监理员提出的职业标准,而营造林工程专业监理工程师、总监理工程师的职业标准和组建相应监理机构尚未明确,其相关的教材和试题库至今未下发,而且营造林工程监理员、专业监理工程师、总监理工程师的资格与相关机构的资质应该由哪一级机关认定,如何认定都没有明确。建议尽快出台相关的行业政策或规定,便于对营造林工程监理资格和监理机构的资质认定。

(三)规范施工队伍管理

近年来,特别是从2003年开始,沿海各设区市陆续进行了工程队的资质认定,积极推广工程队造林,实行施工承包管理制度,使得造林质量明显提高。但在推广工程队造林过程中,也出现许多不足,主要表现在工程队整体素质低、业务技术水平不高、工程施工管理不够规范。因此,要广泛开展营造林施工队伍的定期培训,通过培训,对营造林施工管理人员和业务技术人员进行资格认定,逐步实现提高施工队伍的专业水平。同时,要及时对营造林工程队的造林业绩考核,落实工程队资质的动态管理。

(四)要认真做好幼林抚育和造林地补植工作

幼林抚育的目的是为幼苗生长创造良好条件,以便提高造林成活率与保存率,为林木速生高效打好基础。幼林抚育管理是营造林工程的一项重要工作,也是决定造林成败的关键技术措施。为此,要同抓造林一样重视幼林抚育工作。据调查,2006年实施国债造林项目的8个县(市、区)中,至2007年12月,需要抚育的未进行抚育的面积达995.9hm^2,占年度造林面积的42.1%。2007年专项造林面积2 582.5hm^2,至2007年12月还有840.8hm^2的造林地未抚育,若不及时抚育,势必影响幼苗成活与生长。因此,从现在起要认真组织各县进行国债项目造林的幼林抚育,抚育时可采用带状或块状等方法,块状抚育的规格最少应达到1.0m×1.0m。2006年和2007年专项造林总面积为4 923.1hm^2,未达标面积为901.1hm^2,占造林总面积的18.3%,而且今年秋冬两季雨量偏少,现已达标小班还会出现成活率下降,因此,明年春季补植工作应得到广泛重视。首先要备足苗木,其次要督促工程队做好补植、补造工作。

中央及省级预算内投资项目建设监理各类统计表,表Ⅲ-10-1~表Ⅲ-10-12。

表Ⅲ-10-1　2005年度防护林国债项目人工造林终验面积分工程类型统计表

项目县名称	下达面积(亩)	初验面积(亩)	终验面积(亩)	占计划(%)	重点工程造林面积(亩)							一般工程造林面积(亩)			其中经济林面积
					计	基干林带	沙荒风口	农田林网	林带更新	红树林	松枯固斑改造	计	水土保护林	护路护岸林	
合　计	37 000	31 922	35 109	94.9	31 942	23 671	35	162	4 827	300	2 947	3 167	3 167		
福鼎市	3 467	3 467	3 267	94.2	3 101	3 101						166	166		
霞浦市	7 097	7 357	6 660	93.8	6 660	6 660									
连江县	5 700	5 700	5 700	100	4 181	3 981				200		1 519	1 519		
福清市	6 821	6 853	6 853	100	5 371	5 371						1 482	1 482		
平潭县	5 556	3 557	5 150	92.7	5 150	1 355	20	150	4 143		987				
漳浦县	2 581	1 855	2 140	82.9	2 140		15		520	100					
云霄县	3 058	2 744	3 104	101.5	3 104	3 104									
东山县	2 720	389	2 235	82.2	2 235	99		12	164		1 960				

表Ⅲ-10-2　2005年度防护林国债项目人工造林终验成活率统计表

项目县名称	合计(亩)	成活率情况						其中：重点工程成活率					
		≤40%		41%~84%		≥85%		≤40%		41%~84%		≥85%	
		面积(亩)	(%)	面积(亩)	(%)	面积(亩)	(%)	面积(亩)	(%)	面积(亩)	(%)	面积(亩)	(%)
合　计	35 109			4 799	13.7	30 310	86.3			4 751	14.9	27 191	85.1
福鼎市	3 267			48	1.5	3 219	98.5					3 101	100.0
霞浦市	6 660					6 660	100.0					6 660	100.0
连江县	5 700					5 700	100.0					4 181	100.0
福清市	6 853			3 413	49.8	3 440	50.2			3 413	63.5	1 958	36.5
平潭县	5 150			1 005	19.5	4 145	80.5			1 005	19.5	4 145	80.5
漳浦县	2 140					2 140	100.0					2 140	100.0
云霄县	3 104			333	10.7	2 771	89.3			333	10.7	2 771	89.3
东山县	2 235					2 235	100.0					2 235	100.0

表Ⅲ-10-3　2005年度防护林国债项目人工造林终验面积分树种统计表

项目县名称	合计（亩）	杉木类（亩）	松木类（亩）	阔叶树类									其他树种面积（亩）				
				计	台湾相思	木荷	新相思类	香椿	枫香	桉树	木麻黄	其他阔叶树	计	竹类	经济林	红树林	其他
合　计	35 109		1 704	33 049	11 614	7 765	5 525	131	288	1 547	6 179		356		56	300	
福鼎市	3 267		430	2 837		2 671				166							
霞浦市	6 660		1 274	5 386	3 490	1 230			288	378							
连江县	5 700			5 500	2 819	1 188	1 362	131					200			200	
福清市	6 853			6 853	4 177	2 676											
平潭县	5 150			5 094	1 128		938				3 966		56		56		
漳浦县	2 140			2 040						150	952		100			100	
云霄县	3 104			3 104			3 104										
东山县	2 235			2 235			121			853	1 261						

表Ⅲ-10-4　2006年度防护林国债项目人工造林初验面积分工程类型统计表

项目县名称	下达面积（亩）	初验面积（亩）	占计划（%）	重点工程造林面积（亩）							一般工程造林面积（亩）			
				计	基干林带	沙荒风口	农田林网	林带更新	红树林	松朱国岭改造	计	水土保护林	护路护岸林	其中经济林面积
合　计	28 045	27 573	98.3	23 561	18 707		18	2 203	635	1 998	4 012	4 012		
福鼎市	6 522	6 543	100.3	4 880	4 760				120		1 663	1 663		
蕉城市	3 628	3 641	100.4	1 851	1 851						1 790	1 790		
福清市	3 653	3 653	100.0	3 653	3 653									
连江县	2 651	2 651	100.0	2 651	2 451				200					
罗源县	2 871	3 016	105.1	3 016	2 816				200					
平潭县	1 708	1 540	90.2	1 540			18	1 540						
秀屿区	1 809	1 762	97.4	1 203	615			473	115	1 397	559	559		
东山县	2 201	1 864	84.7	1 864	259			190						
云霄县	3 002	2 903	96.7	2 903	2 302					601				

表Ⅲ-10-5 2006年度防护林国债项目人工造林初验成苗率统计表

项目县名称	合计（亩）	成活率情况						其中：重点工程成活率					
		≤40%		41%~84%		≥85%		计（亩）	≤40%		41%~84%		≥85%	
		面积（亩）	(%)	面积（亩）	(%)	面积（亩）	(%)		面积（亩）	(%)	面积（亩）	(%)	面积（亩）	(%)
合 计	27 573	854	3.1	6 202	22.5	20 517	74.4	23 561	617	2.6	4 486	19.1	18 458	78.3
福鼎市	6 543			160	2.4	6 383	97.6	4 880					4 880	100.0
蕉城区	3 641	589	16.2	1 504	41.3	1 548	42.5	1 851	352	19.0	498	26.9	1 001	54.1
福清市	3 653					3 653	100.0	3 653					3 653	100.0
连江县	2 651			862	32.5	1 789	67.5	2 651			862	32.5	1 789	67.5
罗源县	3 016			1 320	43.8	1 696	56.2	3 016			1 320	43.8	1 696	56.2
平潭县	1 540			142	9.2	1 398	90.8	1 540			142	9.2	1 398	90.8
秀屿区	1 762	265	15.0	1 015	57.6	482	27.4	1 203	265	22.0	465	38.7	473	39.3
东山县	1 864			86	4.6	1 778	95.4	1 864			86	4.6	1 778	95.4
云霄县	2 903			1 113	38.3	1 790	61.7	2 903			1 113	38.3	1 790	61.7

表Ⅲ-10-6 2006年度防护林国债项目人工造林初验面积分树种统计表

项目县名称	合计（亩）	杉木类（亩）	松木类（亩）	阔叶树类面积（亩）							其他树种面积（亩）				
				计	台湾相思	木荷	新相思类	香椿	枫香	桉树	木麻黄	其他阔叶树	计	竹类	经济林	红树林	其他
合 计	27 573	528	4 266	22 126	7 216	7 077	3 111		756	1 321	2 509	36	635			635	
福鼎市	6 543		2 216	4 207	484	3 657			66				120			120	
蕉城区	3 641	528	996	2 117		1 935			110	72							
福清市	3 653			3 653	2 703	950											
连江县	2 651			2 451	2 219	32		18		182			200			200	
罗源县	3 016		1 018	1 798	715	503			580								
平潭县	1 540			1 540							1 540						
秀屿区	1 762			1 647	1 095		121				395	36	115			115	
东山县	1 864			1 864			158			1 032	674						
云霄县	2 903		36	2 867			2 832			35							

表Ⅲ-10-7 2006年度省发改委专项造林初验面积分工程类型统计表

项目县名称	下达建设任务(亩)					初验面积(亩)	占计划(%)	重点工程造林面积(亩)							一般工程造林面积(亩)			
	计	基干林带	林带更新	风口造林	红树林			计	基干林带	沙荒风口	农田林网	林带更新	红树林	松突圆蚧改造	计	水土保护林	护路护岸林	其中经济林
合 计	13 635	9 422	1 106	40	3 067	11 165	81.9	10 292	7 343			256	2 693		873	873		
福安市	2 050	1 900			150	2 158	105.3	1 896	1 770				126		262	262		
霞浦县	2 340	2 340				2 082	89.0	1 671	1 671						411	411		
福清市	1 667				1 667	1 667	100.0	1 667					1 667					
连江县	2 583	2 583				2 583	100.0	2 383	2 383						200	200		
湄洲区	1 130	1 100	30			428	37.9	428	428									
仙游县	1 012	662			350													
惠安县	836	104	532		200	439	52.5	439	239				200					
漳浦县	1 000	300			700	1 000	100.0	1 000	300				700					
诏安县	1 017	433	544	40		808	79.4	808	552			256						

表Ⅲ-10-8 2006年度省发改委专项造林初验成活率统计表

项目县名称	成活率情况							其中:重点工程成活率						
	合计(亩)	≤40%		41%~84%		≥85%		合计(亩)	≤40%		41%~84%		≥85%	
		面积(亩)	(%)	面积(亩)	(%)	面积(亩)	(%)		面积(亩)	(%)	面积(亩)	(%)	面积(亩)	(%)
合 计	11 165	20	0.2	1 642	14.7	9 503	85.1	10 292	20	0.2	1 580	15.4	8 692	84.4
福安市	2 158			62	2.9	2 096	97.1	1 896					1 896	100.0
霞浦县	2 082			24	1.2	2 058	98.8	1 671			24	1.4	1 647	98.6
福清市	1 667					1 667	100.0	1 667					1 667	100.0
连江县	2 583			226	8.7	2 357	91.3	2 383			226	9.5	2 157	90.5
湄洲区	428			267	62.4	161	37.6	428			267	62.4	161	37.6
仙游县														
惠安县	439			155	25.3	284	64.7	439			155	25.3	284	64.7
漳浦县	1 000			700	70.0	300	30.0	1 000			700	70	300	30.0
诏安县	808	20	0.2	208	25.7	580	71.8	808	20	0.2	208	25.7	580	71.8

案例10　2007年福建省沿海防护林预算内投资项目营造林工程监理报告

表Ⅲ-10-9　2006年度省发改委专项造林初验面积分树种统计表

项目县名称	合计(亩)	杉木类(亩)	松木类(亩)	阔叶树类面积(亩)									其他树种面积(亩)				
				计	台湾相思树	木荷	相思树新品种	香椿	枫香	桉树	木麻黄	其他阔叶树	计	竹类	经济林	红树林	其他
合　计	11 165	1 451		7 021	3 720	1 129	24	18	51	629	1 450		2 693			2 693	
福安市	2 158	852		1 180		1 129		18	51				126			126	
霞浦市	2 082	599		1 483	1 072					411							
福清市	1 667												1 667			1 667	
连江县	2 583			2 583	2 383					182							
湄洲区	428			428	265						163						
仙游县	439			239			24			36	179		200			200	
惠安县	1 000			300							300		700			700	
诏安县	808			808							808						

表Ⅲ-10-10　2005年度防护林国债项目人工造林终验基本情况调查表

项目县名称	乡镇数	村数	小班数	工程队造林情况		阔叶树或阔叶林混交林(亩)	无设计或移位面积(亩)	2007年底抚育面积(亩)	2007年末抚育面积(亩)	人为破坏面积(亩)	牛羊破坏面积(亩)	受台风破坏面积(亩)
				队数	造林面积(亩)							
合　计	44	126	468	26	35 109	33 835	1 512	35 029	14 938	110	300	200
福鼎市	4	7	53	5	3 267	3 267	210	3 267				200
霞浦市	3	15	176	3	6 660	5 386	803	6 660		10		
连江县	6	10	12	2	5 700	5 700		5 700	5 853			
福清市	5	11	63	1	6 853	6 853		6 853	5 150			
平潭县	10	35	60	1	5 150	5 150	70	5 150		100	300	
漳浦县	6	15	30	5	2 140	2 140		2 140	340			
云霄县	3	10	35	3	3 104	3 104	391	3 024	360			
东山县	7	23	39	6	2 235	2 235	38	2 235	2 235			

表 III-10-11　2006 年度防护林国债项目人工造林初验基本情况调查表

项目县名称	乡镇数	村数	小班数	工程队造林情况 队数	工程队造林情况 造林面积(亩)	阔叶林或阔叶混交林面积(亩)	火烧迹地造林面积(亩) 计	火烧迹地造林面积(亩) 其中基干	对照下达计划变动情况 增加面积(亩)	对照下达计划变动情况 减少面积(亩)	对照下达计划变动情况 移位面积(亩)	当年抚育面积(亩)	初验时未抚育面积(亩)	人为破坏面积(亩)	牛羊破坏面积(亩)	其他原因破坏(亩)
合 计	51	113	367	35	27 573	25 147	2 124	200	282	1 285	2 050	23 027	9 945			
福鼎市	10	20	112	12	6 543	5 745	435				1 249	6 423			20	
蕉城区	8	19	46	3	3 641	2 117	431	200	142	849	752					
福清市	2	3	14	1	3 653	3 653	950					3 653	3 653			
连江县	7	10	35	1	2 651	2 583					953	2 383				
罗源县	3	7	42	4	3 016	3 016			140			3 016				
平潭县	9	15	30	1	1 540	1 540						1 540	1 540			
秀屿区	3	10	10	3	1 762	1 762	308					1 382	1 382			
东山县	5	19	43	6	1 864	1 864				337	83	1 864	1 864		20	
云霄县	4	10	35	4	2 903	2 867				99		2 766	1 506			

表 III-10-12　2006 年度第二批省级预算内投资防护林项目造林初验基本情况调查表

项目县名称	乡镇数	村数	小班数	队数	造林面积(亩)	阔叶林或阔叶混交林面积(亩)	火烧迹地造林面积(亩) 计	火烧迹地造林面积(亩) 其中基干	对照下达计划变动情况 增加面积(亩)	对照下达计划变动情况 减少面积(亩)	对照下达计划变动情况 移位面积(亩)	对照作业设计变动情况 增加面积(亩)	对照作业设计变动情况 减少面积(亩)	对照作业设计变动情况 移位面积(亩)	当年抚育面积(亩)	初验时未抚育面积(亩)	人为破坏面积(亩)	牛羊破坏面积(亩)	其他原因破坏(亩)
合 计	19	46	193	19	10 965	10 564	1 702	1 440	37	1 677	654	37	1 677	169	9 442	2 667			
福安市	1	3	37	2	2 158	2 088					262				2 032				
霞浦县	2	3	31	3	2 082	1 483			37	363	68	37	363	68	2 082	1 667			
福清市	1	1	1	1	1 667	1 667	1 702	1 440							1 667	1 667			
连江县	3	6	22	1	2 651	2 651									2 651				
湄洲区	1	1	10	1	428	428				708	169		708	169					
仙游县																			
惠安县	5	8	11	4	439	439				397	3		397	155	10				
漳浦县	4	12	38	4	1 000	1 000									1 000	1 000			
诏安县	2	7	43	3	808	808				209			209						

参 考 文 献

李宝银.2004.伐区调查设计[M].福州:福建省地图出版社.
沈国舫.2004.森林培育学[M].北京:中国林业出版社.
王凤友.2005.营造林技术[M].哈尔滨:东北林业大学出版社.
黄云鹏.2002.森林培育[M].北京:高等教育出版社.
黄云鹏.2007.林木栽培技术[M].北京:中国林业出版社.
张余田.2007.森林营造技术[M].北京:中国林业出版社.
谭文澄.1991.观赏植物组织培养技术[M].北京:中国林业出版社.
崔德才.2003.植物组织培养与工厂化育苗[M].北京:化学工业出版社.
李二波.2003.林木工厂化育苗技术[M].北京:化学工业出版社.
曹孜义.2002.实用植物组织培养技术教程[M].兰州:甘肃科学技术出版社.
程家胜.2003.植物组织培养与工厂化育苗技术[M].北京:金盾出版社.
中华人民共和国林业部.1994.国家森林资源连续清查主要技术规定.
中华人民共和国林业部.1996.森林资源规划设计调查主要技术规定.
福建省林业厅.1996.森林资源规划设计调查和森林经营方案编制技术规定.
高兆蔚.1999.福建省森林分类经营总体设想与采伐管理探讨[J].林业资源管理(特刊):151-154.
苏付保.2003.园林苗圃学[M].北京:白山出版社.
方栋龙.2005.苗木生产技术[M].北京:高等教育出版社.
孙时轩.2002.林木育苗技术[M].北京:金盾出版社.
张运山,钱拴提.2007.林木种苗生产技术[M].北京:中国林业出版社.
魏占才.2006.森林调查技术[M].北京:中国林业出版社.
王礼先,王斌瑞,朱金兆,等.2000.林业生态工程学[M].北京:中国林业出版社.
刘进社.2007.森林经营技术[M].北京:中国林业出版社.
李宝根.2003.福建省生态公益林经营方案编制技术的研究[J].华东森林经理,17(3):1-5.
余启国,等.2006.淳安县生态公益林经营措施设计[J].华东森林经理,20(2):23-26.
黄文玲.2004.三明市三元区生态公益林建设现状与经营管理对策[J].福建林业科技,31(4):165-167.
蔡体久,姜孟霞.2005.森林分类经营——理论、实践及可视化[M].北京:科学出版社.
楼崇,刘安兴,祝国民.2007.南方生态公益林经营模式的研究[J].南京林业大学学报,31(2):97-100.

附录 规程和标准名称

(一)林木采种技术

(Tree seed collection)(GB/T 16619—1996)

(二)育苗技术规程

(Technical regulations for cultivation of tree seedlings)(GB 6001—1985)

(三)造林技术规程

(Artificial afforestation technical regulations)(GB/T 15776—2023)

(四)造林作业设计规程

(Design code for afforestation operation)

(五)森林抚育规程

(Regulations for tending of forest)(GB/T 15781—2015)

(六)森林采伐作业规程

(Code of forest harvesting)(LY/T 1646—2005)

(七)生态公益林建设 技术规程

(Non-commercial forest construction-technical regulation)(GB/T 18337·3—2001)

(八)造林质量管理暂行办法